做出
好决定
案例版

[美] 斯蒂芬·P. 罗宾斯 著
包云波 译

the ultimate guide for improving
your decision making

前言

一些事情会影响我们的日常生活以及决策的质量。你赚多少钱、你的健康状况、你的人际关系以及你的整体幸福水平主要取决于你所做出的决定。

尽管做出正确的决定很重要,但是在一生中我们很少有人受过相关的正规培训。不学英语、数学、物理、化学、政治和历史,你就不能从高中毕业。但是你记得你上过任何有关决策的课程吗?大概没有。如果你想提高厨艺,你会报名参加烹饪班。想画好画、做好财务分析或是医治病人,同样需要学习。于是有人认为通过实践和经验,我们所有人都可以学习成为优秀的决策者。

其实,通过一点小小的观察我们就可以很快得知不是每个人都能做出正确的决定。显然,这一技能并不是通过实践和经验习得的。有时,我对一些人做出的错误决定感到惊讶。炒股时,他们高价买进,低价售出。他们不停地玩老虎机等需要靠运气的游戏,就好像可以一直赢下去似的。尽管飞机比汽车更安全,但他们仍执意开车去一个遥远的地方,就因为担心飞机失事。

我们知道人们如何做决定，也知道如何提高决策能力。不过，这方面的知识需要通过数以千计的研究得出。很多书籍试图罗列所有的知识，这样做非常啰唆且过于专业。正是出于这个原因，我写下了这本书的第一版。我把它写成个人指南的形式，希望它能提高我们的决策能力，从而改变我们的生活。我从成千上万的调查研究中提取精华，并把专业的知识用通俗的语言表达出来，强调它们在实际生活中的应用。在如今的第二版中，我更新了研究调查结果以及实例，还增加了一些新的章节。这本书仍然短小、简洁且易于阅读，在加入了最新的研究成果后，它会指导你做出更好的决定。

请记住，指导你做出更好的决定并不意味着帮你做决定。这本书的目的是告诉你建构和分析问题的正确方法。它更关注你做出最终决定的过程。因为一个决策的好与坏应当由决策的过程，而不是取得的结果来判断。在一些情况下，良好的决定可能会导致一些不是特别好的结果。如果你的决策过程正确，那么不管最终结果如何，它都是一个好的决定。因此，我不会告诉你决定什么，但我可以告诉你怎样做决定。不幸的是，偶然事件也会影响最终的结果，所以决策过程正确不一定就能得到满意的结果，但它确实能提高做出好决定的概率。

本书一共分为五个部分。第一部分"你的人生，由你决定"主要是为了说明决策贯穿我们所做的一切，我们每个人都需要知道做决策的正确方式。第二部分"你是高效的决策者吗？"帮你了解自己的个性特质以及它们如何塑造你的决策偏好。第三部分"克服大多数人都会有的倾向和错误"描述了影响我们决策效率的偏见。第四部分"高效决策的12条建议"讲述了很多你应该知道的见解，它们可以帮助你提高决策能力。第五部分总结了通过读这本书你应该学到些什么。

这本书能够写成，要感谢两组人的帮助和贡献。首先是那些研究人类判断和决策心理学的学者，他们与我们分享了他们的研究成果。你会发现这本书的很多见解来自几十年来的数百名学者，例如赫伯特·西蒙、丹尼尔·卡尼曼、阿莫斯·特沃斯基、巴鲁克·芬奇霍夫、保罗·斯洛维克和理查德·泰勒。其实我在这里的角色就像电视新闻节目的主播一样。电视新闻主播不会"制造"新闻，他们只是"讲述"新闻。同样，我也没有"编造"这本书的调查结果，纯粹是讲述出来而已。我的工作只是查阅了行为决策方面成千上万的调查研究，并把它们转化为一种容易理解和使用的形式呈现给大家。

第二组贡献者是培生出版社的工作人员：夏洛特·麦奥拉娜、艾米·奈德林格、乔迪·肯珀、克里斯蒂·哈特、伊莱恩·威利、格洛丽亚·舒瑞克、艾丽卡·米伦、吉内尔·布里兹、杰斯·德加布里尔以及朱迪·布拉塞西斯。感谢你们让这本书成为现实。

斯蒂芬·P. 罗宾斯

目录

第一部分　你的人生，由你决定

第 1 章　选择决定成败　003

第 2 章　理性决策的六个步骤　008

第 3 章　要做到理性很难　014

第二部分　你是高效的决策者吗？

第 4 章　测一测你的决策风格　023

第 5 章　算一算你的风险偏好　027

第 6 章　完美主义者 or 差不多先生　033

第 7 章　谁控制你的命运　036

第 8 章　估一估你的拖延指数　040

第 9 章　量一量你的易冲动程度　043

第 10 章　你能控制自己的情绪吗　047

第 11 章　你过于自信吗　051

第 12 章　了解你的个性档案　055

第三部分　克服大多数人都会有的倾向和错误

第 13 章　过度自信：大多数灾难性错误的根源　061

第 14 章　惰性：能拖到明天的决不今天做　067

第 15 章　即时满足偏差："活在当下"的骗局　072

第 16 章　锚定效应：你的终点取决于你的起点　078

第 17 章　选择性知觉偏差：所有认知都带有偏见　086

第 18 章　证实偏差：我听到的是我想听的话　091

第 19 章　框定偏差：杯子是半满还是半空　096

第 20 章　易得性偏差：你最近为我做了什么　103

第 21 章　代表性偏差：没有什么成功可以复制　109

第 22 章　发现隐藏的模式：不要为随机事件赋予意

义 114

第23章 熟悉度偏见：不要被熟悉的事物蒙住了眼睛 120

第24章 理解沉没成本：承认错误，及时止损 125

第25章 有限搜索错误：不要缩减你的选择范围 131

第26章 情感卷入错误：当时忍住就好了 137

第27章 自利性偏差：错的都是别人 144

第28章 适应性偏差：成功的喜悦和失败的痛苦都是短暂的 149

第29章 后视偏差：人人都是事后诸葛亮 154

第四部分 高效决策的12条建议

第30章 没有目标就没有有效决策 161

第31章 有时，什么都不做是最好的选择 166

第32章 选择不做决定也是一种决定 171

第33章 当下的决定将严重限制未来的决定 176

第34章 人生很长，可关键的决定就那么几个 181

第35章 高效的决策者知道适可而止 188

第36章　给自己的选项，不要超过六个　193

第37章　纠结于过去的决定只会浪费你的时间　198

第38章　成功人士懂得冒险　203

第39章　是人就会犯错　209

第40章　经验可以改进策略，但是……　214

第41章　你所属的文化决定了你的决策风格　219

第五部分　总结

第42章　学会这9条，将会改变你的一生　227

出版后记　235

》》》第一部分

你的人生,由你决定

- 选择决定成败
- 理性决策的六个步骤
- 要做到理性很难

第 1 章　选择决定成败

> 你应该知道：现在你是 21 或 22 岁，做了些决定后，你一下子就 70 岁了。
>
> ——T. 怀尔德[①]

你的一天充满了决定！今天早上几点起床？该穿黑色的还是棕色的鞋子？早饭吃点什么？今天早上去加油，还是上班的路上顺便加一下油？上班的时候，应该先做什么：回电子邮件、查阅收到的文件、听语音信箱，还是跟同事见面？

在一个平常的工作日，你就会面临着几十个类似的普通决定。下班后，你也不会停止做决定：晚饭在家吃还是去餐馆？什么时候上网看新闻，查阅邮件？今天晚上要看电视吗，看什么节目呢？要给家人和朋友打电话吗？

每过一段时间，你就需要做出一个重大的决策。举例来说，

[①] 桑顿·怀尔德（1897—1975），美国小说家和戏剧家，曾三次获得普利策奖。——编者注（若未作说明，本书所加脚注均为编者注。）

你车子的变速器坏了,是花费2500美元去修呢,还是买一辆新车?你的约会对象让你不要再租房子而是跟他(她)一起住。你的公司正在裁员,你的上司跟你说你的职位已经被裁掉了,突然你就要找新的工作了。

> 你是谁、你将成为谁(或已经成为谁)很大程度上取决于你的决定。

很少有事情能比做决定还重要。我们中没有任何人可以过不用做任何决定的生活。事实上,家长最重要的任务之一就是教育孩子如何做好自己的决定。

决定涉及广泛的领域。它囊括接受求婚等重大的决定以及在杂货店挑选食品等日常选择。有趣的是,大多数人认为决策就是重大的决定,例如上大学、结婚、生孩子、工作、买房,等等。然而,我们每天所做的几十个简单的决定也可以成为一股强大的力量,改变我们的生活。不会计划如何使用时间的人经常会在上班、参加会议和社会活动时迟到。这就会影响你的绩效评定和人际关系。一些看上去很小的决定——早上几点起床或者什么时候出发去见朋友,如果做得不好,慢慢会导致你丢掉工作或被朋友疏远。在许多情况下,一个"输在运气上"的人其实只是做出了一些错误的选择:辍学,因为觉得自己不会上瘾而吸毒,做一些愚蠢的投资,无法提高自己的工作技能,最多只能保持原有的水平,一拖再拖而错过了巨大的商机,认为没必要把合同中所有琐碎的条款都读一遍,认为酒后驾车也没有什么问题……不管决定是大是小,都不能掉以轻心。如果掉以轻心,就等于把自己的未来交给了命运。

我们中很多人忽略了一个显而易见的事实,即我们的决定会塑造我们的生活。你是谁、你将成为谁(或已经成为谁)很大程度上取决于你的决定。很多名人的成功并不是只靠运气。吸烟者更容易死于肺癌不是偶然,同样那些经常存钱的人在老了之后比那些不存钱的人富有也不是偶然。很多受过良好教育、才华横溢、人脉广博的人依然会搞砸自己的生活,因为他们做出了错误的选择。相反,一些才华平平、机遇也不多的人过着富足的生活是因为他们知道如何做出明智的选择。我们常常说的运气其实就是在正确的时间做出正确的抉择。运气的很大一部分就是正确的决定。明确一点:在大多数情况下,你生活的质量取决于你决策的质量。

好消息是,你可以提高自己的决策技能。尽管这些决策技能是在生活中取得成功的关键,但我们大多数人都基本没有接受过任何关于决策的正规训练。仅仅通过经验来做决定是不够的。你需要了解的、可以提高你决策效率的知识都已经提炼成这本短小易读的书了。在下面的章节中,你会一步一步学习如何做出最棒的决定,并识别那些会影响你目标的障碍。

在开始旅程之前需要注意一点:完善决策技能并不能保证

所有的决定都会让你得到你想要的结果。良好的决策能力更关注你做决定时所使用的手段而不是决策最终的结果。你无法控制结果，你只能控制促成那些结果的过程。正如老话所说，跑得最快的人不一定会赢得比赛，最强壮的人也并不一定会赢得战斗，但如果要打赌的话，我们还是会赌他们胜利。提高决策水平就是提高你赢取生活中比赛和战斗的概率。

决策技巧

- 决策是生命中最重要的技能之一。
- 你可以提高自己的决策能力。
- 你只能控制决策的过程，不能控制决策的结果。

案例

　　1998年，我在老家一所中学当老师。当时和我差不多年龄、差不多同时入校的年轻教师有十几个。我们这些年轻人经常在一起玩，不求上进但过得无忧无虑。但我不想过那种一眼看穿一辈子的生活，纠结过后，我辞职到武汉求学，后来留在武汉工作。

　　辞职的决定让我和同事们的生活轨迹完全不同了。如今，我以前的同事依然在老地方工作，最多从镇上调到了县城,或从初中调动到高中。他们谈的,很多还是二十年前谈论的话题,比如谁打牌赢了多少、工资奖金满不满意等。他们的生活,前一天和后一天、前一年和后一年,没有什么不同。

而我的生活则大不一样,在大学上班有更多自由时间,有更多机会参加学习型组织、接触更优秀的人,也要面对更多挑战。

(案例提供:拆书帮武汉珞珈分舵,May)

第2章 理性决策的六个步骤

> 首先要知道事实，然后你才能按照自己的想法来歪曲事实。
>
> ——马克·吐温

就像我们在十七八岁的时候一样，肖恩·诺瑞斯正面临着抉择。高中刚刚毕业的肖恩要决定到底去哪所大学。

选择一所大学是重大的决定。它将决定肖恩在哪里度过四年的时间，也将决定他未来的方向。因此肖恩不会轻易做出决定。肖恩于是开始罗列选择大学的标准。首先他希望大学不要离家太远，这样周末或是假期他都可以开车回家。学校必须要有会计课程，因为他想读会计专业。他还想在一所有点名气的学校就读。此外，肖恩的父母说，如果学费超过15000美元一年，他就得申请助学贷款或者打一份工，因为他的父母只能提供给他这么多钱。经过一番仔细考虑，肖恩又在列表上加了些要求：必须要有校际高尔夫球队，女生比率要高于男生，学校要有丰富的社团活动。当肖恩把这张列表给他父亲看的时候,他的父亲提醒他不是所有的标准都同等重要。例如,学费和是否有会计专业可能比学校的男女比率重要得多。肖恩认同他父亲的看法。于是,他用1~10分来给每个标准打分。此外,他通过咨询高中老师、查阅当地图书馆和上网搜寻资料,确定了可能就读的大学名单。在这份名单上面大概有20所学校,于是肖恩开始评估这20所大学。通过阅读这些大学的有关材料、跟就读的学生交流、参观那些最合适的大学的校园,肖恩掌握了很多信息。之后,肖恩把这些大学与他之前列的标准进行了比对,每所大学的优缺点都一目了然。最终,肖恩选择了得分最高的那所学校,做出了人生中的一个重要决定。

肖恩的这些步骤被称为理性决策过程。之所以称其为理性,是因为肖恩在了解限制的同时,做出了最一致、价值最高的决定。

良好决策的基础就是理性。为什么这么说?因为决策需要严谨的逻辑、精细的分析、充分的资料——而不是凭感觉或经验——只有这样,决策才能产生最好的结果。对理性的寻求让你了解和明晰自己的价值标准,这样你需要优先考虑的事情就能保持一致。它也会为你达成生活目标提供最直接的道路。两点之间,线段最短。理性就是你和梦想之间最短的距离。

> 对理性的寻求让你了解和明晰你的价值标准,这样你需要优先考虑的事情就能保持一致。

理性决策有六个标准的步骤：

1. 识别和确定问题。当现状和渴望的状态存在差异时，问题就出现了。

2. 确认决策标准。这一步能让决策者分清在决策过程中什么是相关的、什么是重要的。这一步可以把决策者的兴趣、价值观念、目标和个人喜好纳入决策过程。有趣的是，正是这个决策标准列表使相似处境中的两个人做出完全不同的决定，因为一个人认为重要的因素可能对另一个人来说并不重要。在理性的决策过程中，任何没有在这一步列入的因素对决策者来说都是无关因素，对决策结果也没多大影响。

3. 评估标准。因为每个标准的重要性都不同，决策者需要评估上一步中确定的标准，为它们在决策中的重要性列出先后顺序。

4. 制订备选方案。这一步需要决策者制订可以解决问题的所有备选方案。

5. 评估每一个备选方案。备选方案确定之后，对每一个方案都要仔细地分析和评估。然后，通过和步骤2中的标准进行比对，对每个方案进行评分。与评估后的标准进行比较之后，每个方案的优缺点就会一目了然。

6. 选择得分最高的方案。最后，选择得分最高的备选方案，决策过程到此结束。这也是最理想的选择。

其实这些就是肖恩选择大学时所采取的步骤。他首先确定了自己的问题：选择一所大学就读。在决策中他确定并评估了他认为重要的标准，确定了备选的大学列表，然后仔细评估每一所大学并最终确定了最适合他的大学。

如果肖恩在决策过程中没有遵循理性的法则会怎样呢？非理性的选择可能会导致如下局面：（1）肖恩绝对会把自己最爱的大学排在第一位；（2）他关注一所可以提供大量助学金的大学而忽视自己的目标和标准；（3）他决定去一所聘请了著名高尔夫教练的大学。（4）仅仅阅读了大学分发的手册就轻易做出决定。这里的每一个场景最终可能都会让肖恩后悔自己当初的决定——让他不开心，从而转学甚至辍学。

你的目标就是做出理性的决策，尤其是当你面临重大的、会改变命运的事件之时。在这本书中，我会提供各种建议让你的决策过程更为理性。不过，我会在下一章解释，由于一些原因，理性只是一个理想的过程而非现实。所以你的决策只能是越理性越好。

决策技巧

- 只要有可能就要运用理性的决策过程。
- 当你面临重大的、会改变命运的事件之时，为理性决策花费时间和心思是非常重要的。

案例

1. 识别和确定问题。

    问题描述：刚毕业，究竟要不要参加语言开发培训班。

2. 确认决策标准。

    （1）个人喜好：要是以后的工作就是天天写代码，多无聊……

    （2）发展前景：学习之后，找到的工作待遇较高，以后发展前景较广。

    （3）投入：专门学习需要投入额外的时间和金钱。

    （4）现况：去学习意味着没有收入，还要从家里拿钱去补贴生活和学费。

    （5）长远利益：学习后工作找的层次更高，提升更快，磨刀不误砍柴工。

3. 评估标准。

    （1）个人喜好：20%

    （2）发展前景：10%

    （3）投入：20%

    （4）现况：20%

    （5）长远利益：30%

4. 制定备选方案。

    （1）参加培训后再工作。

    （2）边工作边学习。

    （3）不学习语言开发，发展其他所长。

5. 评估每一个备选方案。

（1）参加培训后再工作。

优点：从长远利益考虑很值得。 缺点：没有收入，只有支出。

（2）边工作边学习。

优点：能够改善工作现状。 缺点：不易坚持。

（3）不学习语言开发，发展其他所长。

优点：符合个人喜好。 缺点：暂时没有更好的目标。

6. 选择得分最高的方案。

	参加培训后再工作	边工作边学习	不学习语言开发，发展其他所长
个人喜好	20	20	90
发展前景	90	80	40
投入	40	90	70
现况	20	80	60
长远利益	90	70	80
加权得分	52	62	72

感谢这个决策模型，让我从长久的困惑中解脱出来：先不学习语言开发，发展其他所长。

（案例提供：拆书帮武汉珞珈分舵，李真）

第 3 章　要做到理性很难

> 你永远都不会获得决策所需的所有信息。如果你获得了所有的信息，这就是一个已知的结论，而非决策了。
>
> ——佚名

2001年"9·11"恐怖袭击之后，成千上万的人取消了他们的飞机旅行计划。但是"9·11"之后马上就害怕恐怖主义是一种理性的反应吗？可能不是。尽管媒体特别关注恐怖事件，但是仔细研究一下统计结果，你会发现死于医疗事故的概率比死于恐怖袭击大5882倍，睡觉时不小心窒息而死的概率比因恐怖袭击丧命的多12倍。正如这些数据显示的和即将在本章读到的那样，做到理性其实很难。

一个理性的人更害怕死于自己的车里，而不是恐怖分子策划的航空事故。事实上，有人计算过，恐怖分子一年需要劫持50架飞机并杀死飞机上面的所有人，坐飞机才算得上比驾驶汽车开过同等距离更危险。尽管有这些数据，人们在面对恐怖主义时还是不那么理性。为什么呢？首先，众多的证据表明，人们不会去考虑那些会导致大灾难的小危险。第二，成为恐怖袭击受害者的概率不仅很小，而且是未知的，这会导致各种猜测。此外，媒体和政治人物对潜在危险的夸大导致恐慌的增加。第三，面对不合理的情况，要做到理性很难。你永远都无法理解和预测那些自杀式炸弹袭击者的行为，他们确信杀了你之后他们就会成为天堂里的英雄。

虽然我们很想做到理性，但是一些阻碍会让我们更难获得成功。削弱理性的是如下不切实际的设想：

1. **问题清晰明了**。理性要求决策者全面理解问题出在哪里。在现实生活中，问题一般都很复杂，而且问题出现的起因和结果都不明朗。最终的结果是我们的注意力都集中在错误的问题上，混淆了问题的表象与本质，甚至忽视或拒绝承认有问题存在。

2. **所有相关标准和备选方案都可以确定**。在现实世界中，人类确定标准和备选方案的能力有限。我们倾向于把注意力集中在看得见和明显的事物上。此外，我们的偏见和个人喜好也会限制我们归纳出一个全面完整的选项列表。

3. **可以根据重要性对标准和备选方案进行排序和评估**。由于问题都很复杂，因此很难客观地对标准和备选方案进行排序和评估。

4. **可以无限制地获取全面的信息**。理性要求我们使用所有的信息来做出全面的、深思熟虑的决策。事实上，时间和成本的限制让我们难以成功地获取全面的信息。

5. 决策者可以精确地评估每一个备选方案。 理性要求决策者全面掌握备选方案的信息。这样他就可以列出自己的标准并评估这些标准，从而进一步评估这些备选方案。在现实生活中，全面的信息并不存在。我们也很难把分析限制在那些已经确认的标准之上，并根据它们的重要性准确地进行排序。我们常常让一些无关紧要的标准和情感影响我们的判断力。

除了不切实际的设想，系统性的倾向、偏见和误差也会伺机潜入我们的决策过程，让我们不那么理性。它们的出现是由于我们在决策过程中想抄近路。为了减少付出，避免两难的权衡，我们极大地依赖经验、冲动、直觉以及更方便的"抽签"方式。在很多情况下，这些捷径还是有帮助的。然而，它们会让理性发生严重的扭曲。我会在本书仔细分析这些倾向、偏见和误差，先在这里简单罗列一些这类偏见和误差常见的表现形式。

> 为了减少付出，避免两难的权衡，我们极大地依赖经验、冲动、直觉以及更方便的"抽签"方式。

1. 不提前做计划。 我们很难想得长远。因此，我们的反应会基于一时的冲动，在追求目标的过程中无法保持一致并偏离追寻目标的直接路径。

2. 过于自信。 我们中大部分人对自己的知识和能力过于自信。这会导致我们很少分析自己的可选项，以及对自己做出最佳决策的能力过于乐观。

3. 太依赖于以往的经验。 经验可以教给我们很多东西，但也容易限制我们的思维。尤其是在面对崭新的或新奇的事物时，经验的局限性就更明显了。过分依赖经验容易扼杀创意。

4. 吸取教训的能力很差。 我们的记忆是有高度选择性的。我们非常善于重新演绎过去的经历以维持和增强自己的自尊。所以有问题出现的时候，我们会视而不见。我们在评估过去的"成功"和"失败"之时，也会不切实际。

理性要求我们能够完美地确定一个问题；确定所有的相关标准；精确地评估所有能够反映我们目标、价值观和利益的标准；列出所有的备选方案；准确地评估和比较每一个备选方案；选择最好的备选方案。如前所述，这些都证明了一个已知的观点——我们并不完美。从理性背后幼稚的假设到不完美的人脑，都使我们时不时地做出不理性的行为。但是，很难做到理性并不意味着我们每个决定都注定是错误的。虽然存在局限性，但是很多人在决策方面做得非常好。一部分原因是一些人已经学会了"控制不理性"的技巧。他们认识到了自己的偏见，并想出方法来减轻这些偏见的影响。等你读完这本书，你在这方面的能力会比读之前提高很多。

不过很多人虽然并不怎么了解关于决策的知识，日子过得也不错。这是为什么呢？首先，正确的或者说最优的选择经常很明显。第二，很多情况下，多种决策都会达成最优或接近最优的结果。第三，很多人满足于差不多好的结果，不一定非要达到最优。在现实世界中，一个决定不可能有几十个选项。如果真的有，很多都是劣质的选项。假设你要买一台新电视机，你可能会去百思买、沃尔玛或是亚马逊看看。一旦你列出自己的标准——屏幕尺寸、特征、花费等，就会得出该买哪种。但如果这个决策过程最后出现了三四个选项，而非只是一个呢？在这种情况下，随便哪个选项都是没问题的，选项之间的差异很小。大量的证据表明很多决定只要找到满意的选项就可以了——既令决策者满意又足以解决问题——不用找到最优的选项。我们会一直寻找，直到找到满足所有标准的第一个选项，然后选择这个选项。与本书第2章中肖恩·诺瑞斯选择大学的理性过程相反，很多人很容易满足。在选择大学的时候，我们确定自认为重要的标准，列出可能的候选名单，最终选择我们认为可以接受的第一所大学。我们每天都面临很多决策，追寻最佳选项的成本很高，因此一个满意的选项也就足够了。

不过，不幸的是，对于一些决策来说，满意的选项并不是好的选项。如果决策结果没有达到预期目标，当你回想做决定的时刻，就会发现这经常是走了不当的捷径或是易于满足导致的。这本书会帮助你了解所有人都有的以及你独特的喜好和偏见，提高你做出"平均水平"决定的能力。

决策技巧

- 你可以减少很多削弱理性的偏见和误区。
- 最优选择很多时候很明显。
- 很多情况下,多种选择都可以接近最优的结果。
- 令人满意的选项就已经足够了。

案例

我们有时会止步于满意的选项,而不是追求最佳选项。

春节后,我突然想起,已经好长时间没有请父母看场电影了。春节期间的上档电影很多,从《红海行动》到《唐人街探案2》,究竟该选择哪一场呢?我拿过一张纸,在纸上列出了为父母选择电影的一些标准:

1. 时间:最好是在白天,避免饭点和午休时间。

2. 主题:最好是生活类影片,电影体裁适合老人观看,避免惊险、刺激的打斗场面。

3. 国别:最好是中国电影。

根据以上这几条标准筛选,剩下的就只有《红海行动》和《厉害了,我的国》两部国产影片,考虑到《红海行动》中可能存在激烈的打斗场面,我最后选择《厉害了,我的国》。

如果有一部生活类的影片上映,它就会是最优选项。我们没有待在家里等待最优选项的影片上映,而是选择了一个还算满意的选项。父母看了电影非常开心,我的目的达到了。

(案例提供:拆书帮上海申活分舵,孟钢)

》》》第二部分

你是高效的决策者吗?

- 测一测你的决策风格
- 算一算你的风险偏好
- 完美主义者 or 差不多先生
- 谁控制你的命运
- 估一估你的拖延指数
- 量一量你的易冲动程度
- 你能控制自己的情绪吗
- 你过于自信吗
- 了解你的个性档案

第4章　测一测你的决策风格

下表列出了一个人是如何做出重要决定的。请说明你是否同意这些表述。

	非常不同意	不同意	不同意也不反对	同意	非常同意
1.做决定时，我依赖直觉。					
2.我会多次检查信息，以确保了解了所有的正确事实。					
3.做决定时，我相信自己的感觉和反应。					
4.我用逻辑和系统的方式做决定。					
5.做决定时,感觉对就行了。					
6.做决定前我需要深思熟虑。					
7.我做决定时，最重要的不是理性的因素，而是正确的感觉。					
8.做决定时，我会按照特定的目标考虑所有的选项。					

如何评分

对于 4 个奇数项问题（1、3、5 和 7），非常不同意得 1 分，不同意得 2 分，不同意也不反对得 3 分，同意得 4 分，非常同意得 5 分。把所有的得分加起来，然后，按同样的方法把偶数项问题的得分也加起来（奇数项问题也一样）。

奇数项问题的总分代表你的直觉得分。偶数项问题的总分代表你的理性得分。

得分意味着什么？

每一类的总分均在 4~20 分之间。哪一类的总分高就代表了你倾向的决策风格，同时也要注意两类之间的差异。差异越大，说明你在决策时的倾向性越明显。假设两类的总分近似，或者说每一类的总分都落于一个中间值（即每类总分在 10~14 之间），那么你在做决定时较为灵活，对影响决定的事物也较为敏感。

了解决策风格

决策风格是指你做决定时更倾向于选择的习惯类型。决策风格的种类很多，大部分都包括在深思熟虑和逻辑性强的方式（我们可以称之为理性的思维方式）和依靠直觉和感觉的直觉方式（也经常被称为感觉方式）之内。

你的决策风格与你如何获取信息息息相关。理性风格注重事实、细节和理性的因果逻辑，客观，不通过感情来评估事实。理性风格的代表人物包括爱因斯坦、安·兰德[①]和比尔·盖茨。直觉风格注重观点之间的可能性和联系，比起理性的逻辑，他们更注重自己的价值理念。代表人物包括：阿尔贝特·施韦泽[②]、米哈伊尔·戈尔巴乔夫和埃莉诺·罗斯福[③]。

> **案例**
>
> 　　我的决策风格偏理性。这种决策风格体现在我2010买第一辆车时。
> 　　首先我确定预算为十万左右。考虑到外出需要后备厢，车型定位在三厢车型。当时的涡轮增压技术后续维护成本高，所以我选择了普通的发动机。由于2.0以下小排量车有税收减免，排量选择1.6升或1.4升。这辆车主要是我开，为节省费用就选择手动挡，配置也从简：不需要天窗等额外配制，但选择了真皮座椅。根据个人的品牌偏好，我先将日系车排除在外，又考虑到当时国产车口碑欠佳，所以最后主要在法系车、德系车、美系车中选择。

---

① 俄裔美国哲学家、小说家。
② 即史怀哲，德国哲学家、神学家、医生。
③ 美国第32任总统富兰克林·罗斯福的妻子。

按照上述思路,我的选车目标定位是:普通发动机,排量1.6升或1.4升,三厢简配的法系车、德系车或美系车。此外,我选车时考虑的因素还有:价格、油耗、保养成本、安全性、驾驶舒适性、保养便利性等。现在回头想想,这次买车的确是理性分析的结果。

(案例提供:拆书帮苏州阅苏分舵,张然)

第 5 章　算一算你的风险偏好

对于下列每种情形，请回答你认为这件事情成功的最低概率，然后再推荐一个备选方案。在每种情形中，请尝试把自己设想成那个人物。

1. 本，45 岁，会计师。最近他被诊断出一种严重的心脏疾病，不得不改变很多生活习惯——减少工作量，大幅调整饮食，并放弃喜爱的休闲活动。医生认为，本可以尝试做一种复杂的手术。如果手术成功，他的心脏疾病就会彻底缓解。但医生不能保证手术百分百成功，事实上，它也可能会致命。

假设你要给本提一些建议。下面列出来的是手术成功的概率。成功率至少达到多少，你会推荐本接受手术，请打钩。

　　____如果你认为无论概率是多少，本都不应该接受这次手术，请在这里打钩。

____90% 的概率手术会成功。

____70% 的概率手术会成功。

____50% 的概率手术会成功。

____30% 的概率手术会成功。

____10% 的概率手术会成功。

2. 唐是阿尔法大学橄榄球队的队长。本赛季最后一场比赛，阿尔法大学和老对手贝塔大学相遇。在比赛最后几分钟，唐的队伍比分落后。阿尔法大学队已经没有足够的时间再组织一次全面的进攻。作为队长，唐可以组织一次小型的进攻，这次进攻几乎完全可以保证阿尔法大学队和贝塔大学队以平分结束比赛；也可以尝试一次更复杂、风险系数也更高的进攻，如果这次进攻成功，阿尔法大学队将胜出，如果失败则贝塔大学队会赢。他该如何选择？

假设你要给唐提一些建议。下面列出来的是这次风险系数更高的进攻会成功的概率。成功率至少达到多少，你会推荐唐采取这种进攻，请打钩。

____如果你认为无论概率是多少，唐都不应该采取这种有风险的进攻，请在这里打钩。

____90% 的概率这种有风险的进攻会成功。

____70% 的概率这种有风险的进攻会成功。

____50% 的概率这种有风险的进攻会成功。

____30% 的概率这种有风险的进攻会成功。
　　____10% 的概率这种有风险的进攻会成功。

3. 金是一名成功的职场女性，她为社区做了很多有价值的事情。她的政党领导人说他们正在考虑让金做下一届议会选举的候选人。金所在的政党虽然在这个选区里面比较弱势，但以前也赢过几次选举。金想要组建一个政治选举办公室，但这要花掉很多经费，而她的政党又无法提供足够的竞选资金。此外，在竞选过程中，她还要忍受竞选对手的攻击。

　　假设你要给金提一些建议。下面列出来的是金在选区竞选成功的概率，成功率至少达到多少，你会推荐金参加这次竞选，请打钩。

　　____如果你认为无论概率是多少，金都不应该参加这次竞选，请在这里打钩。
　　____90% 的概率金会赢得这次竞选。
　　____70% 的概率金会赢得这次竞选。
　　____50% 的概率金会赢得这次竞选。
　　____30% 的概率金会赢得这次竞选。
　　____10% 的概率金会赢得这次竞选。

4. 劳拉是一名 30 岁的物理学家，她在一所重点大学的实验室研究一个课题有 5 年了。不过下一个 5 年，她打算研究一个更复杂的长期课题。一旦这个课题研究成功,该领域的很多难题将得到解决,她也会得到很多荣耀。但如果研究不成功,她5年的时间就等于白费了,没有什么成绩也会阻碍她找到更好的工作。当然,她可以像她的同事一样继续研究一系列短期的课题,虽然科学意义不是非常大,但更容易成功。

假设你要给劳拉提一些建议。下面列出来的是劳拉研究这个复杂的长期课题成功的概率,成功率至少达到多少,你会推荐劳拉研究这个长期课题,请打钩。

____10% 的概率劳拉能攻破这个长期课题。
____30% 的概率劳拉能攻破这个长期课题。
____50% 的概率劳拉能攻破这个长期课题。
____70% 的概率劳拉能攻破这个长期课题。
____90% 的概率劳拉能攻破这个长期课题。
____如果你认为无论概率是多少,劳拉都不应该研究这个长期课题,请在这里打钩。

如何评分

问卷调查的结果会显示你对风险的态度。把4种情况的概率加起来除以4得出的数值,反映了你在多大程度上愿意冒风险。(无论如何你都不愿意冒风险的那个选项请按100%算。)

得分意味着什么？

最后的分数越低，表明你越愿意冒险。相比而言，如果分数低于40%，意味着你是一个更愿意冒风险的人。如果高于70%，则表明你不愿意冒险。

了解冒险

在是否愿意冒风险方面，每个人都不尽相同。例如，比起不怎么愿意冒风险的人来说，愿意冒风险的人更可能创业或尝试攀岩、滑翔等体育活动。

了解风险对于决策者来说非常重要，因为它可以改变决策方案。当你评估决定时，每个方案的风险程度都不一样。不愿意冒险的人更容易确定、评估和选择那些不怎么会失败的方案。不管对与错，他们更愿意选择与现状相比差别更小的方案。而愿意冒险的人则更容易策划、评估和选择那些独特的、风险系数更大的方案。

> **案例**
>
> 我是个不愿意冒险的人，所以做决定会比较保守，只会选择那些不怎么会失败的方案。就拿工作这件事来说吧，我工作

十几年了，基本没有主动换过工作。在 IBM 工作了 9 年后，部门解散，我不得不考虑换工作。有做高管的前同事推荐，面试成功率 90%，我才决定换到后来这家管理并不完善的公司。后来有猎头一再联系我，向我推荐我之前都不太敢考虑的职位，我这才知道自己过于保守了。

最近，猎头向我推荐了一个阿里云的培训专家岗位。岗位的其他条件我都满足，除了日常沟通用英文这一点。我想了想，拒绝了面试机会。虽然我也曾负责海外培训，但是口语沟通的内容不是很多，打电话也基本看着材料。如果每天都要与外国同事交流，可能会有点吃力。后来，一个培训圈的同行得到了这个岗位，我才知道这个岗位对英语口语的要求也没那么高。如果下次再有这样的机会，冒险尝试会是一个更好的选择。

（案例提供：拆书帮北京城市之光分舵，嘟嘟）

第6章　完美主义者 or 差不多先生

对于下列 8 种说法，请圈出你同意的程度：

1 = 非常不同意

2 = 不同意

3 = 不同意也不反对

4 = 同意

5 = 非常同意

1. 如果不能做到最好，我就不会做这件事。	1	2	3	4	5
2. 我总是不知道该穿什么去参加好朋友的婚礼。	1	2	3	4	5
3. 即使对现在的工作很满意，我也会关注其他的工作机会。	1	2	3	4	5
4. 每周去超市买东西，为了省 4 美元钱，我愿意多开 1 英里[①] 车。	1	2	3	4	5
5. 为了找到最满意的鞋子，我觉得花上 5 个小时都不为过。	1	2	3	4	5
6. 朋友会说我是一个永远都不知足的人。	1	2	3	4	5

① 1 英里 ≈ 1.61 公里

7.我觉得我从来没有吃过最完美的大餐。	1	2	3	4	5
8.给新房子买家具,一个星期的时间绝对不够。	1	2	3	4	5

如何评分

把 8 项的得分相加,得分最低为 8 分,最高为 40 分。

得分意味着什么?

如果你的得分高于 28 分(含),你会把事情做到最好。如果你的得分低于 18 分(含),那么对于你来说,事情做得差不多就行了。

做到最好 VS. 差不多就行

想把事情做到最好的人要求每个决定都是最完美的。相反,做事只求达标、差不多就行的人只要找到行得通的决策就会终结决策程序。

这两种人在做决策时,我们最重要的预测就是,想把事情做得完美的人更容易后悔。也就是说他们更容易对已经做出的决定感到悲伤和懊悔。为什么会这样呢?因为不管做出什么决定,他们总会想另外一个决策也许效果会更好。他们脑子里面一直在想："如果是那样，会不会更好呢？"

> **案例**
>
> 　　我是个"差不多先生"。
>
> 　　去年 3 月，家里的床坏了。我不知道哪里有家具城，又觉得在家具城找床、订床好麻烦，所以为这件事苦恼了近一个月。
>
> 　　有一天，我突然想到可以在网上买，于是打开购物 App，比较了几家的款式、材料、价格之后，最终选定了一款，整个过程只花了十几分钟。
>
> 　　下单之后，我就再也没为这件事烦恼了。一直以来，我都觉得这床是我能买到的最好的床。好朋友从外地到我家来小住，提到她想买个新床，我还大力向她推荐了这款。
>
> 　　　　　　　　　　（案例提供：拆书帮武汉珞珈分舵，May）

第 7 章　谁控制你的命运

对于下面 10 种说法，请圈出你认为最合适的一项。

SA = 非常同意

A = 同意

N = 不同意也不反对

D = 不同意

SD = 非常不同意

1. 大多数人的成功都是他应得的。	SA	A	N	D	SD
2. 我能说服别人同意我的观点。	SA	A	N	D	SD
3. 成功主要是辛勤劳动的结果。	SA	A	N	D	SD
4. 美满的婚姻大部分都是靠运气。	SA	A	N	D	SD
5. 才华在大部分时候都比运气更重要。	SA	A	N	D	SD
6. 我的命运由我自己决定。	SA	A	N	D	SD
7. 发生在我身上的事情大部分都是偶然的。	SA	A	N	D	SD
8. 我无法控制发生在我身上的事情。	SA	A	N	D	SD
9. 如果我下定决心，就能抵抗住诱惑。	SA	A	N	D	SD
10. 我精心制定的计划经常被控制之外的因素打乱。	SA	A	N	D	SD

如何评分

对于说法 1、2、3、5、6 和 9，SA 得 5 分，A 得 4 分，N 得 3 分，D 得 2 分，SD 得 1 分。序号为 4、7、8 和 10 的说法，SA 得 1 分，A 得 2 分，以此类推。

你的得分会在 10~50 之间，得分阐释了你的内外控制向：

42~50 = 高度内控制向
34~41 = 中度内控制向
26~33 = 混合控制向
18~25 = 中度外控制向
10~17 = 高度外控制向

得分意味着什么？

有些人认为他们的命运由自己掌控，有些人则认为命运由外界因素决定，例如运气和偶然事件。第一种人——命运由自己掌控——拥有内控制向。第二种人——命运受外界因素控制——拥有外控制向。

控制向的分数可以让你知道你对自己行为的态度。它同样反映了你对提高自己的决策技巧的重视程度。例如，拥有高度外控制向的人会认为自己影响生活的能力有限。因此，他们就不会特别在意提高自己的决策技巧，毕竟他们不相信自己的决策会对生活有什么影响。相反，高度内控制向的人在这方面会更加积极。他们确实认为自己可以掌控命运。因为他们相信自己的决定很重要，他们在改进决策技巧方面的积极性也就更强。

了解控制向

高度内控制向的人认为世界可以被掌控得更好，而高度外控制向的人很快就会认定自己只是生活游戏的一颗棋子。这两种控制向，极端偏向哪一种都是不健康的。我们可以控制生活的一部分，但是未经计划或没有考虑在内的未知因素也会影响我们的生活。对于高度外控制向的人，我希望你能明白，你也有决定权，你的决定很重要，好的决策技巧可以让你对生活更有掌控力。

案例

经测试，我属于高度内控制向。

的确，我认为我的命运是由自己掌控的，遇到问题时我倾向去找解决方案，而不是归咎于外部因素，因为我相信问题总有办法解决，我对未来比较乐观。

我在传统的 IT 行业就业。受到互联网蓬勃发展的冲击，我的团队在2015年遇到了非常严重的人才流失，总共8个人的团队在四个月内流失了5位同事。面对如此严峻的形势，我的注意力焦点一直放在如何快速补充人力上面。除了通过公司的渠道发布招聘信息外，我还动用了自己的一切的资源，包括集团公司、朋友圈、同学、同事、IT俱乐部、MBA社群等。结果我们在一个月内就补充了两位集团转调来的同事，二个月内又补充了一位社招人才和两位应届毕业生，算是度过了此次危机。此外，我还根据此次情况向公司高层建议提升IT人才的工资待遇。后来公司推出了一系列留才政策，很好地解决了人才流失问题。

在这次事件中，我始终相信自己能搞定，也相信自己能控制好局面，最后我也确实控制住了。团队成员的平均在职时间由之前的不到2年提升到了4年，团队人员素质结构也更加合理了。

（案例提供：拆书帮苏州阅苏分舵，张然）

第8章　估一估你的拖延指数

下列的8个行为符合对你的描述吗？请在相应的数字上面画圈。

0 = 从来不这样
1 = 偶尔这样
2 = 有时候会这样
3 = 经常这样
4 = 总是这样

1. 对于不喜欢的事情，我倾向于拖后做。	0	1	2	3	4
2. 我很难按时完成任务。	0	1	2	3	4
3. 我会拖延自己不感兴趣的事情。	0	1	2	3	4
4. 我会因犹豫不决而错失良机。	0	1	2	3	4
5. 我需要一个最后期限来帮助我按时完成任务。	0	1	2	3	4
6. 我会等到最后一刻才开始做不喜欢的任务。	0	1	2	3	4
7. 我会半途而废。	0	1	2	3	4
8. 我会拖后做我不擅长的事情。	0	1	2	3	4

如何评分

把你的 8 个分数相加，总得分会在 0~32 分之间。分数越高，就越倾向于拖延。

得分意味着什么？

总分为 8 分及以下表明你做决定和其他事情时不会拖延。相反，22 分及以上表明你倾向于拖延，而且经常会因为做不成事而产生挫败感。

了解拖延症

有拖延症的人趋向于拖延、耽搁或是避免做事情、做决定。在一些情况下，拖延可能是好事。例如你没有足够的信息做出面面俱到的决定，有其他更加重要的紧急事项需要立即处理，或是决策的后果很重要，需要多方考量，这时拖延症可以降低做出坏决定的概率。但是慢性拖延症会让人丧失机会，导致悔恨以及其他不良的后果。

在第 14 章中我会详细讲述，即使是很细小的事情（"我知道我应该清理衣柜，但是……"），高度拖延症患者都很难做出决定，更别提重大的决定了（"我想结婚，但是不知道现在时机成不成熟"）。对很多人来说，拖延症经常阻止他们采取行动或是做出改变。不过，如果这项测试分数很低，也会存在一些问题。没有拖延症的人可能会因为过早行动而懊悔。轻微的拖延，会帮你省去很多悔恨和不必要的金钱损失，特别是在做重大决定之时。

> **案例**
>
> 　　简是一家公司的财务分析师，她的任务是尽快完成季度财务分析报告。一拖再拖，她决定今天必须写完这个报告。
>
> 　　简刚开始动笔，就发现报告的主题她并不喜欢，所以写着写着就继续不下去了。于是，她决定先去做点别的事情。
>
> 　　这时，她恰好看到院子里的草太高了，于是就出去剪草；剪完草又碰见了邻居，闲聊了一会儿；吃完晚餐后，有点小困，就决定小睡一会儿；打完盹，打开电脑，不由自主地看了一会儿新闻，又打了会儿喜欢的游戏；太晚了，她决定还是先睡觉，明天早点起来再做；早上7点，她匆匆起床，准备上班，根本没时间写报告；忙了一早上才把手头的事处理完，她午饭也没吃，赶紧写报告，但已经赶不上下午4点的截止时间了。
>
> 　　她疲惫不堪，只好向老板申请延期一天，老板无奈地同意了。赶完报告，她暗自发誓下次一定不再这样。可是下一次，她的拖延一如往昔。
>
> 　　（案例提供：拆书帮南昌滕王阁分舵，阿波罗）

第 9 章 量一量你的易冲动程度

下表有 30 个表述，请圈出最符合你的情况的数字。

	基本没有 / 没有	有时候	经常	几乎总是 / 总是
1. 我会很仔细地制订计划。	4	3	2	1
2. 我不考虑就去做事。	1	2	3	4
3. 我很快就会下定决心。	1	2	3	4
4. 我无忧无虑。	1	2	3	4
5. 我不会"注意"。	1	2	3	4
6. 我有很多一闪而过的想法。	1	2	3	4
7. 我会提前很久计划旅行。	4	3	2	1
8. 我能自我控制。	4	3	2	1
9. 我很容易集中注意力。	4	3	2	1
10. 我会很节省。	4	3	2	1
11. 在上课或看戏时我会坐立不安。	1	2	3	4
12. 我会想得很仔细。	4	3	2	1
13. 我很注重工作的安全风险。	4	3	2	1
14. 我说话不假思索。	1	2	3	4
15. 我喜欢思考复杂的问题。	4	3	2	1

(续表)

	基本没有/没有	有时候	经常	几乎总是/总是
16. 我换过许多工作。	1	2	3	4
17. 我冲动行事。	1	2	3	4
18. 在脑力活动上我很容易无聊。	1	2	3	4
19. 我活在当下。	1	2	3	4
20. 我会考虑很久。	4	3	2	1
21. 我换过许多住所。	1	2	3	4
22. 我会因为一时冲动而买东西。	1	2	3	4
23. 我一次只能想一个问题。	1	2	3	4
24. 我的爱好经常改变。	1	2	3	4
25. 我花的比赚的多。	1	2	3	4
26. 我在思考问题时经常有不切实际的想法。	1	2	3	4
27. 比起未来,我对现在更感兴趣。	1	2	3	4
28. 在剧院和课堂上我闲不住。	1	2	3	4
29. 我喜欢谜语。	4	3	2	1
30. 我更注重未来。	4	3	2	1

如何评分

把30个表述的分数相加,总得分会在30~120分之间。分数越高,你越容易冲动。

得分意味着什么？

我刚刚说了，分数越高就越冲动。但多少算是高呢？有一项研究，对比了大学生、有药物滥用史的心理疾病患者以及监狱囚犯，它可以帮助我们解答这个问题。按常理来讲，有药物滥用史的心理疾病患者和监狱囚犯得分应该比较高，因为他们更容易有冲动的举动。这个研究的结果也符合这个常理。大学生的平均分数是64，有药物滥用史的心理疾病患者平均分是69，而监狱囚犯是76。根据这个结果，我的意见是得分在60以下表明你可以控制自己的冲动，70以上就说明你很容易冲动行事。

分数反映了你是不是很快就做出决定，以及你能否控制欲望。容易冲动的人很难设定目标，更不用说把注意力集中在这些目标上。

了解冲动个性

我们可以通过以下三点来衡量你性格的易冲动程度。第一是衡量你把注意力集中在手头的事情上并控制脑子里一闪而过的念头的能力。第二是评估你在当下行动的倾向性。第三是评测你提前思考和挑战脑力问题的能力。这三点加起来可以提供一个相对稳定的冲动衡量方法。

和拖延症一样，在某些情况下，冲动也是有好处的。对于只会产生短期影响的小决定，快速决定的能力可以减少压力，使生活更加简单。但是对于影响你生活轨迹的重大决策，冲动会让你做出反复无常和低质量的决定。

案例

我的得分是71。这反映出我倾向于快速做出决定，控制欲望的能力不强，也很难设定目标。

我最近在工作中经常发脾气，易冲动。前几天，我所在部门的王经理安排我做一个新项目，这个项目之前是另外一个同事负责的。当时，我的火气就上来了，很不高兴地告诉王经理："我不做，这个事情不是我负责，为什么要我做？你找别人来做吧。"我冷静下来之后梳理了一下发火的原因：一是以前曾经这样被领导坑过；二是既然交给我做，就应该让同事过来做好交接，什么流程也不走，实在不合情理。其实这两点可能都是我的偏见。我应该先衡量一下这项任务是否对我有价值、我是否能做出成绩，再决定是否接受。我这么冲动地发火，导致与领导的关系非常紧张，对我以后的职场晋升也会造成很严重的影响。冲动是魔鬼，今后我要学会事前思考，在评估行动后果的基础上做出合理的决策。

（案例提供：拆书帮太原黄河分舵，贾俊）

第 10 章　你能控制自己的情绪吗

下表列出了人们对某种感情和情绪的反应。仔细阅读后请圈出最能描述你的反应的那一项。

	几乎总是	经常	偶尔	几乎没有
当我生气时：				
1. 我会保持安静。	4	3	2	1
2. 我不会争论或辩解。	4	3	2	1
3. 我会憋在肚子里。	4	3	2	1
4. 我会说出我的感觉。	1	2	3	4
5. 我会避免大吵大闹。	4	3	2	1
6. 我会忍住我的感受。	4	3	2	1
7. 我会隐藏我的恼怒。	4	3	2	1
当我沮丧时：				
8. 我不会讨论这个。	4	3	2	1
9. 我会隐藏我的不高兴。	4	3	2	1
10. 我会勇敢地面对。	4	3	2	1

(续表)

	几乎总是	经常	偶尔	几乎没有
11. 我会保持安静。	4	3	2	1
12. 我会让他人知道我的感受。	1	2	3	4
13. 我会忍住我的感受。	4	3	2	1
14. 我会憋在肚子里。	4	3	2	1
当我焦虑时：				
15. 我会让他人知道我的感受。	1	2	3	4
16. 我会保持安静。	4	3	2	1
17. 我不会讨论这个。	4	3	2	1
18. 我会跟其他人讲。	1	2	3	4
19. 我会说出我的感受。	1	2	3	4
20. 我会憋在肚子里。	4	3	2	1
21. 我会克制自己的感受。	4	3	2	1

如何评分

把你圈出的数字相加，总分会在21~84分之间。分数越高，你对情绪的控制力就越强。

得分意味着什么？

分数显示了你对三种情绪的反应：生气、沮丧和焦虑。虽然这并不能涵盖你的所有情绪，但你的分数可以让你知道你在做决定时是不是容易受到感情的影响。

高分（约 50 及以上）表明，你对自己的情绪有相对高的控制力。低分（约 40 及以下）显示，你的情绪会影响你的行为。例如，在危机时刻和压力之下，你可能偶尔会爆发、沉不住气。当你心态平和的时候，清晰的头脑和理智的行为会让你更容易做出明智的决策。然而，做出决定之后，强烈的感情会让你处于优势，因为它会增加你执行决策的可能性。所以感情会变成你执行决策的动力。然而，大部分的时候，只有在心态平和、能掌控好情绪时，你才有可能做出更好的决定。

了解情绪

情绪是你对某人或某事强烈的情感。当我对房东生气的时候，当我害怕失业的时候，当我的女儿在学校取得好成绩的时候，我都会表达我的感受。

理性模式要求我们做决定时淡化焦虑、恐惧、挫败感、高兴、嫉妒等情绪的作用。不过，认为在某些特定的时刻决策能够不受情绪影响的想法有点天真。通过一些客观的数据分析可以看到，人们在生气压抑时所做的决定与在平静镇定时做的决定并不相同。有些人也更容易让情绪影响自己的决定。例如，气愤或是悲伤等负面情绪会让你减少搜寻更多的备选方案、降低信息的使用度，不假思索地迅速做出决定。

> **案例**
>
> 　　父亲在公司受到了老板的批评，回到家就把沙发上跳来跳去的孩子臭骂了一顿。孩子心里窝火，狠狠去踹身边打滚的猫。猫逃到街上，正好一辆卡车开过来，司机赶紧避让，却把路边的孩子撞伤了。这就是心理学上著名的"踢猫效应"。这个父亲如果当时能控制情绪，就不会看到孩子就骂。孩子能控制情绪的话，就不会去踢猫，连锁反应造成的后果就能够避免了。
>
> 　　（案例提供：拆书帮北京城市之光分舵，嘟嘟）

第 11 章 你过于自信吗

对于下面 10 项表述,给出一个最高和最低的估计值,你至少能 90% 确定正确答案会在这个最高值和最低值之间。你给出的范围不要太广,也不要太窄。

	90% 确信范围	
	最低值	最高值
1. 马丁·路德·金去世的时候是多少岁?		
2. 尼罗河的长度。		
3. 欧佩克集团的成员国数量。		
4. 旧约中的篇章的数量。		
5. 月球的直径是多少公里?		
6. 一架空波音 747-200 的重量。		
7. 莫扎特出生在哪一年		

(续表)

	90% 确信范围	
	最低值	最高值
8. 亚洲象的妊娠期有多长？		
9. 伦敦到东京的航空距离。		
10. 目前所知的海洋最深点。		

如何评分

这个测验的正确答案是：（1）39 岁；（2）6671 公里；（3）2014 年时有 12 个国家；（4）39 篇；（5）3476 公里；（6）172 吨；（7）1756 年；（8）18~22 个月；（9）9590 公里；（10）1.1 万米。如果你通过了这个挑战，那么至少应该答对 10 个问题中的 9 个。

10 个题目，你答错的问题超过 1 个吗？如果是的话，你并不孤单。

有超过 1000 人做了这个测试，回答对 9 个及以上问题的人只有不到 1%。大部分人做错 4~7 个问题。美洲人、亚洲人和欧洲人都做了类似的测试，大部分人都过于自信，答错 10 道题中的 4~7 题。

得分意味着什么？

设计这 10 个问题并不是为了测试你是否了解这些冷知识，

而是显示我们是不是过于自信,把不知道的事情说成知道。

过于自信的程度会影响你的决策质量。你答对的问题越少,越容易过度自信,这也会表现在你的决策过程中。它会让你坚持最初的观点而忽视了对立的证据,也会限制你考虑更多的方案,制约你对这些方案的审查。

了解过度自信

我在第 13 章中讲到当我们需要预测时,大部分人会过于自信。比起我们应该知道的,我们对自己已经知道的事情更加自信。良好的决策程序不仅要求你知道事实,还要求你了解自己知识的局限性。

> **案例**
>
> 我这两年每年读书 400 多本,现共有藏书 1800 多本,已举办拆书活动 300 多场,所以我对自己的很多信念和想法都非常肯定。看完了这些书,我想当然地就认为自己已经掌握了所有的技巧和方法,其实根本不是这回事。
>
> 误区一:读过书 = 掌握知识
>
> 很多书我只是匆匆翻阅了一下,并没有深入阅读和研究。还有很多书连塑封都没拆,更别提看过。

误区二：买了书＝掌握知识

买了这么多书，就误以为自己已经是这方面的专家，掌握了这个领域的所有知识和方法，其实这两者差距很大。

认为"书越多，知道的就越多"，就会陷入买书的误区。其实，要想让书真正为你所有，只有仔细地阅读它，把其中的知识和方法通过行动内化到自己的生活中去。我们需要清醒地知道"什么是自己知道的，什么是自己不知道的"，这样才能建立起真正的自信。

（案例提供：拆书帮上海申活分舵，孟钢）

第 12 章　了解你的个性档案

> 我不完美，宝贝——但我就是我。
>
> ——J. 莱尔[①]

霍利和克里斯已经结婚 5 年了，他们经常为一些小事争吵。其中一个最"受欢迎"的吵架话题是对方做决定的方式。做起决定来，霍利很慢但很仔细。她不喜欢不仔细考虑所有方案就贸然做出决定。即使是在餐馆点个菜这样的小事也是如此，她会慢慢地看完整个菜单。相反，克里斯则很快就会做出决定，他不会在这方面花费很多时间。他快速评估完状况，快速考虑他的方案，立刻做出自己的决定。如果事情最终不是他想象的那样，他也不会抱怨。他不会被自己所做的决定以及过去犯下的错误所困扰。

[①] 杰斯·莱尔，曾任蒙大拿州立大学教授，出版《我不完美，宝贝——但我就是我》。

霍利和克里斯在做判断和决定时的差异归根结底是他们性格的差异。回顾第4章到第11章里的测试,这对夫妻有些测试的成绩大相径庭。例如,在直觉方面,克里斯的得分要比霍利高很多。克里斯相信他的直觉,而霍利则更喜欢慢慢考虑、仔细思索。很显然,霍利总想把事情做得更好,而克里斯做事情差不多就可以了。在风险测试上,克里斯的得分也远高于霍利,他更愿意冒风险并承担后果。克里斯在拖延症测试上的得分低于霍利。

正如霍利和克里斯的例子所表明的那样,我们的个性深深地影响了我们做决定的方式。尽管性格是一个复杂的概念,由很多元素组成,不过你在第4章到第11章所做的测试相对公平地显示了你做决定的方式。

首先来看一下你控制向的成绩(第7章)。如果你拥有高度的外控制向,你会认为自己影响生活的能力有限。因此,你就不会特别在意提高自己的决策技巧,毕竟你不相信自己的决策会对生活产生什么影响。希望接下来几章中所举出的证据、实例和建议可以帮助你改变你的看法。你在关于拖延症和冲动个性的测试(第8和9章)中展现了你看到问题后会如何反应。这些成绩表明了你碰到问题是马上解决、等一段时间还是试图逃避。尽管选一个差不多就行的决定听上去像是逃避责任、敷衍了事,但这更有可能让人达到最大的满足。总是寻求最优方案(第6章)不仅让你身心疲惫,还可能会增加你后悔没有选择其他方案的概率。

当你碰到问题时，你会用大脑还是直觉去解决呢？你是依赖于事实和逻辑，还是个人的观念和直觉？对你的决策风格进行评估（第4章）会帮你回答这些问题。你会选择保守的方案还是愿意冒险呢？你的冒险指数（第5章）会让你略知一二。最后，如果能更好地控制你的情绪（第10章）以及限制过于自信的趋势（第11章），你就能做出更好的决定。

你可以通过个性信息看到自己的倾向，不过你应该避免评价这些倾向是好是坏。我们所有人都会有影响我们决策的个性特征。另外，不要孤立地看待这些测试结果。个性特征并不是一些僵硬的预测指数。你应该在不同的情形下从不同的角度看待它们。例如，在和牙医预约检查的时候，你可能会出现强烈的拖延趋势，而你却总是能按时完成工作任务。因此，不同的环境可能会影响你的个性倾向。看到这里，你要记住：（1）性格会影响你的决策；（2）在不同的情形下，个性特征有时会对决策起到阻碍作用，而有时可以起到促进作用；（3）情形因素会加强或减弱个性特征；（4）意识到个性倾向，是改变个性倾向负面影响的第一步。

决策技巧

- 你的个性特征影响决策程序。

- 你需要知道自己的主要个性倾向。
- 你的个性特征有时候会对决策起到阻碍作用,而有时候可以起到促进作用。

》》》第三部分

克服大多数人都会有的
倾向和错误

- 过度自信：大多数灾难性错误的根源
- 惰性：能拖到明天的决不今天做
- 即时满足偏差："活在当下"的骗局
- 锚定效应：你的终点取决于你的起点
- 选择性知觉偏差：所有认知都带有偏见
- 证实偏差：我听到的是我想听的话
- 框定偏差：杯子是半满还是半空
- 易得性偏差：你最近为我做了什么
- 代表性偏差：没有什么成功可以复制
- 发现隐藏的模式：不要为随机事件赋予意义
- 熟悉度偏见：不要被熟悉的事物蒙住了眼睛
- 理解沉没成本：承认错误，及时止损
- 有限搜索错误：不要缩减你的选择范围
- 情感卷入错误：当时忍住就好了
- 自利性偏差：错的都是别人
- 适应性偏差：成功的喜悦和失败的痛苦都是短暂的
- 后视偏差：人人都是事后诸葛亮

第13章　过度自信：大多数灾难性错误的根源

> 造成麻烦的，并不是我们不知道的事，而是我们知道的事并非我们想的那样。
>
> ——J. 比灵斯[①]

你不能低估人们对自己的观点的自信。即使是某个领域的专家，他们自以为知道的东西也常常比实际知道的多。一些名人的言论证明了那些"最棒、最聪明"的人有时也会"语出惊人"。

"股市达到了永久性的高点。"（1929年耶鲁大学经济学家欧文·费雪的预测，不久之后美国经济就出现了大萧条，市场崩盘。）

"不管发生什么事情，美国海军永远不会出现任何懈怠。"（1941年12月4日美国海军秘书长的表述，3天之后日本偷袭珍珠港。）

[①] 乔西·比灵斯，美国幽默作家亨利·惠勒·萧（1818—1885）的笔名。

"我们不喜欢他们的声音,吉他音乐也不在调上。"(1962年迪卡唱片公司经理拒绝"披头士"乐队的理由。)

"不是所有人都想要在自己的家里配置一台电脑。"(数字器材公司创始人肯·奥尔森在1977年的言论。)

"在判断和决策中,没有任何问题会比过度自信更为普遍和更具灾难性。"这个说法可能是正确的。我们大部分人都会有这样的遭遇。看看你在第11章过度自信测试中的回答,你过度自信吗?你的成绩低于90%吗?如果是的话,那你就是过度自信这一群体中的一员。

> 在判断和决策中,没有任何问题会比过度自信更为普遍和更具灾难性。

正如我在第11章中所指出的那样,当我们面临一些事实性问题,并要求判断答案正确的概率之时,我们可能会趋于乐观。总的来说,我们可以这样说,人们对自己和自己的表现保持着不切实际的积极看法。他们高估自己的知识储备,低估风险,高估自己控制事态的能力。

"新兴的创业人会无限制地高估自己事业成功的概率,工程策划人则会大大低估工程完成的时间。总的来说,人们相信在未来他们会比其他人更加幸福、更有把握、更为辛勤、更少孤单。"

研究表明，人们说他们有65%~70%的信心是正确的时候，他们实际上只有50%的正确率。而当他们说有100%的把握时，他们只有70%~85%的正确率。

自我评估时，我们尤其容易受到过度自信的困扰。一项针对100万名高中高年级学生的调查显示，所有人都认为他们与其他人相处的能力要高于平均值。60%的人认为他们会排在前10%，25%的人认为他们会排在前1%。大部分人在做事时，会因实际能力和想象存在差距而失败。例如，我们对工作表现有着过于自信的看法。从统计上讲，肯定有一半的员工的工作表现低于中位数。然而研究表明，很多员工认为自己的工作表现至少比75%的人要好。我们趋向于相信自己未来会比其他人更美好。

在投资决策上过度自信会造成巨大的危害，会令我们错误地相信，自己选择的基金和股票比整个市场的表现要好。在20世纪90年代末，几百万人认为他们的收入可以超过市场平均值。他们不停地交易，过高地估计预期收入，最终丧失了几十亿美元。

这种乐观的倾向并不是所有人或是在所有情况下都一样。它最有可能出现在人们信心膨胀，以及无法做出精准判断的时候。所以当有人对所有事情的判断都有95%~100%的把握是正确的时候，请多加注意。

另外，智力水平越低和人际关系越差的人越有可能高估自己的表现和能力。显然，我们对一件事情的知识越丰富，我们就越不容易过于自信。所以在考虑超出我们专业能力范围的事情时，我们很容易就会过度自信。然而，正如这章一开始所说的那样，即使是专家也很可能过度自信。

我们为什么会有过度自信的倾向呢？以下一些因素可能导致过度自信。首先是优越感。相对于别人，我们对于自己有不切实际的乐观态度，看待未来也不实际。第二，我们天真地认为自己可以控制随机事件。我们想要相信自己可以完全掌控自己的命运，我们在决策过程中的强烈自信强化了这一点。第三，我们的能力有限，不能想到事情发展的所有可能路径。我们变得过度自信是因为无法认识到自己的错误会以多种方式出现。第四，是我们倾向于寻找信息来巩固自己对已经相信的事物的信任。我们在寻找解决方案之初都会有一个最初的偏好。我们会寻找各种信息来支撑这个偏好，而不去寻找其他相对立的信息。最后，我们不善于客观地评估过去的决定。我们通过记住成功、忘记失败，有选择地评估自己过去的决定。这强化了我们认为自己善于预测未来的信念。

在生活中，信心是成功的重要组成部分。本章的所有内容都不是为了让你停止相信自己或是质疑自己做出好决定的能力。不过，毫无根基的过度自信会给你带来麻烦。那么我们要怎么做才能避免这种弊病呢？首先你应该承认自己可能会自大，并寻找自大的征兆。除此之外，努力寻找对立的证据以及预测可能会出错的原因。例如，总部在美国休斯敦的ATP油气公司在面试候选人的时候，就会思考这样一个问题："如果我第一眼就喜欢这个人，我会考虑这个人在哪些方面不适合我们公司；但如果我一开始就觉得这个人不适合在 ATP 工作，我会试图寻找各种理由来说服自己——寻找这个人适合在这里工作的理由。就这样寻找与第一直觉相对立的证据，我经常能够发现一些以往无法知晓的东西。"

如果你无法完成这样的程序，可以让其他人提供相反的观点来帮助你了解你的立场中可能出现的缺陷。由于不受你个人偏好的限制，其他人可以看到你所看不到的地方。最终，你应该根据你在某件事情上的专业程度来调整自信度。在考虑超出你专业范围的事情时，你更有可能过度自信。我们中很多人都应该警觉不要在重大采购时——例如购买新车或是租房——对自己的谈判技巧过于自信。在这些场景中，我们的对手是千锤百炼的专业谈判人士，而我们却不是。这些例子说明，过于自信会使我们误以为自己成功的概率很大。

决策技巧

- 认识到你有过度自信的倾向。
- 在考虑超出你专业范围的事情时，注意你有可能会出现过度自信。
- 寻找你的预测或是答案可能出错的原因。

案例一

三国时的马谡乃蜀军一员大将。他奉命镇守街亭,竟把大军驻扎在高山上,久经沙场的老将王平力劝他撤离此山,将士无不赞成,唯有马谡顽固不化。结果,司马氏围山断水,蜀军不战而乱,几乎全军覆没;马谡也依军法处斩,身首异处。街亭失守,是因为马谡不懂兵法吗?不,他自幼熟读兵法,曾献计于诸葛亮,助其降服孟获,平定南方边境。马谡的失败,恰恰由于他熟读兵书,对自己盲目自信,固执己见,不能听取别人的正确意见。

案例二

一代车王舒马赫,曾经七次夺得F1赛车世界总冠军。一直伴随着速度与激情的舒马赫,2013年却在法国阿尔卑斯山区滑雪时发生事故,陷入昏迷长达5年。据目击者拍摄的视频显示,事发时他滑行的最高时速不超过20公里,仅相当于F1最高车速的1/20。事后调查发现,舒马赫没选择正常的雪道,而是独辟蹊径选择了一条非正常不具备条件的"野道",这是导致事故发生的主要原因。并非专业滑雪运动员的他,最终为自己的盲目自信付出了沉重的代价。

(案例提供:拆书帮北京城市之光分舵,嘟嘟)

第 14 章　惰性：能拖到明天的决不今天做

> 即使是在正确的道路上，如果只是坐在那里，你也会被超越。
>
> ——W. 罗杰斯①

查克·兰德尔是个聪明人。他拥有商学博士学位，并在一家有名的州立大学教书。当看到自己的退休金在 2008 年 9 月和 10 月间跌了 20%，他意识到市场可能会更加低迷。他想着要从股市抽身，不过 10 月马上就变成 11 月，时间一晃而过。到了 2009 年 3 月，查克没有卖掉一只股票，他的拖延症让他损失惨重。从 2008 年 9 月到 2009 年 3 月，他的股票共跌了 54%。

看看第 8 章中的测试结果，你有拖延症吗？你有拖后、延迟

---

① 威尔·罗杰斯（1879—1935），美国幽默作家，演员。

或是避免做事和做决定的倾向吗？我们可能都有惰性，但是有些人的惰性比其他人更严重。本章，我会讲解一下为什么在做决定时我们会出现问题，并告诉大家一些可以练习的技巧来帮助大家克服这个倾向。

拖延症是一种推迟做事情的倾向。我们时不时会有一些拖延的症状：不想去超市购物、避免去诊室检查牙齿、延迟整理我们的支票簿等等。感觉好像如果以后再做这些事情，我们就会有更多的时间和金钱，更少的压力和消耗。在一些孤立的小事情上，习惯性的犹豫不决并不会对你的生活产生长期的影响。不过，如果这种习惯性的犹豫不决与日常生活（按时完成工作、承担家庭责任）以及人生大事（职业选择、婚姻、设计自己的退休计划）挂钩，那么它会让你疲惫不堪。例如，研究表明，习惯性优柔寡断的人会对自己生活状况产生抑郁的情绪，会感到自己不知道如何改变，就像是被困住了一样。

那什么会引起拖延症呢？这个问题没有简单的答案。研究表明，可能存在很多因素：脆弱的自尊、害怕犯错、过于追求完美、渴望获得控制权、缺乏动力、组织能力差以及经常觉得时间充裕。不过很多研究表明，拖延症产生的主要原因是矛盾心理。如果一个方案在所有重要方面都要优于另一个方案，决策者就不会存在矛盾心理，做决定也会很简单。然而由于每个方案都存在优缺点，人们经常会出现矛盾心理，做决定就变得困难了。因此，人们推迟做决定，以寻找更多的支撑信息或是备选方案。

在做决定时，如果只有一个明确的方案，或者你可以按照偏好把方案进行明显的排序，拖延度就会降到最低。然而，当我们面对多个相似的方案时，就会倾向于避免做决定，继续收集更多的信息。即使你已经发现一个甚至多个满意的方案，也可能还会这样做，即使有些时候看起来很相似的方案可能实际上截然不同。发生这些是因为我们的行为基于观念而非事实。如果你认为方案都差不多，你就会推迟做决定，继续无限期地寻找更多的信息或备选方案。

> 当你面对多个相似的方案时，就会倾向于避免做决定，继续收集更多的信息。

要指出的是，在理性决策的过程中（第 2 章和第 3 章），心理矛盾并不存在。因为此过程假定决策者会客观地为所有的方案评分及排序。但是在现实生活中，我们的选择很少能如此简单地被划分开来。因此我们会出现心理矛盾。

除了心理矛盾，事情本身也可能是拖延症的来源。我们经常会避开令自己不快的决定或任务。我们都知道每年要看两次牙医，但是我们经常迟迟不与牙医预约。在看到招聘广告并寄出简历后，由于害怕被拒，我们会迟迟不查看相关的回复。有些事情我们一直挂在嘴上，却迟迟不去做，例如减肥、戒烟、健身、偿还信用卡等。这主要是因为我们认为这些都是一些不吸引人的事情，虽然长期来看对自己有益，但马上做所导致的痛苦让我们害怕。

　　如果你有拖延症，这个毛病会跟随你一辈子吗？尽管克服拖延症很困难，但还是有一些措施可以采取。对于一些小决定，你可以告诉自己"不用着急，只是一个决定而已"。例如，在餐馆点什么菜、今天穿哪件外套、今晚看哪部电影，这些决定通常都不值得过分担忧。因为这类决定即使做错了，代价也不是特别高。在做重大决定时，可以尝试为自己设置一些限制。例如，你可以给事情设置一个截止期限，如果做不到就会导致严重的后果和尴尬。如果这个截止期限能向其他人公开，效果就会更好。当我打算从大学教职上提前退休时，在退休的18个月前我就开始跟所有人讲这个计划。这样的公开承诺帮助我最终完成了这个决定，因为拖延会使我难堪。这里还有一个加强自我限制的例子。如果你想减肥，你可以去只供应汤和沙拉的餐馆，而不要去那些甜品店，从而减少高卡路里食物对你的诱惑。

　　另一些克服惰性的途径包括创建自动的"行动"策略和预先的承诺。例如，在更换工作时，预先设置退休金的自动调整功能，风险就会减少。如果你参加一周两次的健身课程，并预付6个月的定金给健身教练，你参加这些课程的概率就会大大提高。

决策技巧

- 拖延症的得分显示了你的总体倾向。
- 对于一些琐事，做决定不要太纠结。
- 对于重要的决策，可以试试给自己强加限制、创建自动的"行动"策略和预先的承诺。

案例

小夏想买房，一直在纠结是在武昌南湖买，还是在光谷买；是买一套三室两厅的还是买一套四室的，还是买一套带院子的。这个也好那个也好，每每要决定时，他就觉得自己看过的房子都好。犹犹豫豫拖延了 8 个月时间，最后多付了 37 万房款。这就是矛盾心理导致的拖延。

（案例提供：拆书帮武汉珞珈分舵，李真）

第15章　即时满足偏差:"活在当下"的骗局

> 耐心不会一直都有用,但不耐烦永远不会有用。
>
> ——佚名

谢莉·维纳在一个相对富裕的家庭中长大。16岁时,她的父母就给她买了一辆车。17岁生日的时候,她的父亲给了她一张信用卡。她的父母还给她付了大学学费,每月给她寄支票帮助她付生活费。谢莉从来不知道预算、省钱、吃苦耐劳的概念。看到想要的东西,她就会立即买下来。

谢莉现在25岁,拥有一份全职工作。她的公寓也是装饰一新,家具齐全,衣柜里的东西琳琅满目。不过,她收到了一大堆账单。一个礼拜不到,她的信用卡公司就给她打电话催缴账单。我问谢莉欠了多少钱,她想了一阵子后说:"不得不承认,我也不太确定。如果你把我所有的信用卡欠款加起来,我猜大概有15000美元吧。"谢莉猜错了!被催款的电话弄烦了之后,她去了信用卡公司。信用卡公司把她所有的账单加起来,总数目达到了 37000 美元！此外，信用卡公司还跟谢莉说，她一个月 400 美元的最低还款额还不够付每个月 550 美元的利息。谢莉惊呆了，她怎么会落到这种地步呢？

谢莉并不是孤例。在美国，超过 39% 的信用卡持卡人在偿还信用卡利息。2014 年，人均欠款额达到了 8220 美元。"现在买，以后付"已经成了当今工业社会消费者的口头禅。对于大多数人而言，即刻享受的乐趣很难推后。有趣的是，这种行为表面上与拖延症相反，但两者其实都是自我控制的问题。只不过，一个与惰性有关，而另一个与满足即时需要有关。此外，这两种行为都是个性和情形共同使然。看一下你在第 9 章中的答案，如果你的测试结果超过 70 分，你有可能很难延迟享乐。你会发现，相比长期获益，我们更容易选择立即得到的满足感。当然，有些人已经学会了如何控制自己的即时满足倾向。

作为人类，我们趋向于享受即时的快乐，避免即时的代价。如果感觉很好，我们就想立即享受；如果感到痛苦，我们就想延迟它。为什么我们会很不情愿减肥、戒烟以及偿还信用卡账单呢？因为不这么做的话会得到即时的快乐——美味的食物、香醇的香烟和立即购物，却把代价延迟到不可知的未来。

> 为什么我们会很不想减肥、戒烟以及偿还信用卡账单呢？因为不这么做的话会得到即时的快乐，却把代价延迟到不可知的未来。

最近几年，情商这一概念得到了很多关注。研究表明，高情商的人应对问题的技巧卓越，处理生活中的抑郁和压力的能力也较强。这一概念中令我们感兴趣的一个因素是，高情商的人有能力延迟满足感。例如，在一项研究中，研究人员给4岁的小孩两个选择：他们要么可以立即得到一块棉花糖，要么在等待几分钟后拿到两块。10年后的跟踪研究发现，比起那些追求立即享乐的孩子，那些能够延迟享乐的孩子长大后不太容易受挫，也不偏执，更受欢迎、更有自信，应对压力的能力也更强，更愿意提前做计划，在生活中遇到的麻烦也较少。这些足以证明情商和延迟享乐的相关性。

下面先让我们来看一下延迟享乐的几种情形。不管我们的性格倾向如何，现在各种各样可以让我们先享受后付出的活动必然会鼓励我们"活在当下"。然而不幸的是，我们的生活充满了需要眼光长远的决定，而且这些决定一般都很重要。例如，辍学上班的决定会立即给我们带来好处——固定的工资以及不用继续上课、学习和考试。同时，拿到大学文凭后是否能找到更好的工作也是未知数。对于18岁的人来说，如何看待未来的四年甚至更远的未来是件很难的事情。同样，为了退休后的生活，我们每个月存钱，而不是立即把钱花光，即便我们无法得知钱是不是会贬值甚至我们能不能活到退休之后。在这两种情形下，延迟享乐虽然有好处，但这个好处是个未知数。

我们缺乏耐心以及长远目光的一个原因就是：未来的好处

离我们越远，我们就越不珍惜它。对于18岁的人来说，20年内有很棒的工作（需要大学文凭的好工作）或是40年内安逸地退休（因为很早就开始存钱）都离得太远，因此他们基本上不会去考虑这些。我们知道现在1美元可以买什么，但是我们无法得知10年或是20年后它还值多少钱。一次，一位教授朋友在开车送我回家的时候告诉我这就是他会停止写书，而开始做咨询的原因。他说道："如果我做咨询，几周内完成任务，就会拿到一笔固定的咨询费。如果我写书，等到它出版可能需要一两年的时间，然后我才能拿到稿费，这笔稿费是2万美元还是100美元都无法预测。我虽然喜欢写作，但是咨询工作能为我提供立即的、可以预知的报酬。"

如果你想抵挡立即享乐的诱惑，可以做以下几件事。第一，设立一个长期的目标，并经常检查这个目标。这样可以让你把注意力集中到长期的目标上来，并让你觉得做出一个在未来才能享受到好处的决定不再那么痛苦。如果你不知道10年、20年之后想做什么，你就很容易忽视未来，只享受当下。第二，不仅要注意报酬，也要注意代价。我们的天性是放大即时享受、对未来需要付出的代价轻描淡写。对于重要的决定，一定要仔细考虑未来的代价。例如，想象一下年纪大了之后一无所有是什么感觉。此外，看看周围那些以前不考虑未来而现在受苦的人，引以为戒。如果你无法控制自己刷信用卡的欲望，跟几个因为信用卡欠款而破产的人聊聊，听听他们讲述自己破产后的痛苦和尴尬。

决策技巧

- 了解你对待立即享乐的方式。
- 设立一个长远目标并经常检查这个目标。
- 充分考虑未来会产生的代价。

案例

我很喜欢美食和惬意的感觉,所以不到170cm的身高对应了近180斤的体重,身高体重指数高达31.1(正常是25)。体检发现我患有轻度脂肪肝,血红蛋白已接近上限。医生说我营养过剩,回去要减肥,不然糖尿病、高血压、痛风都会找上门来。我暗下决心,回去一定要管住嘴、迈开腿。然而,一看到美食,我还是禁不住馋虫的诱惑,美美地吃了起来。享用完美食接着又葛优躺,减肥的念头已经被抛到九霄云外,生活似乎回到了"正"轨。

看到这本书,我决定行动起来,抵御自己的享乐倾向。我的十年目标是成为一名大师级教练(MCC)。我在卧室墙上挂了埃里克森国际教练学院玛丽莲院长的照片来激励自己,60多岁的她精力比很多20多岁小伙都强。我下一年的目标是要把体重降到160斤。我把这个目标分解到每个月,打印成表格放在玛丽莲院长的照片旁边,同时还制定了三餐计划和运动计划。此外,我还到医院观察了糖尿病和痛风病人,找了些照片打出来贴在玛丽莲院长旁边。

大家可以想象,一边是精神矍铄的玛丽莲院长,一边是饱受疾病之苦的糖尿病、痛风病人,两相对比造成的视觉冲击太大了。看到这些,我哪里还坐得住,减肥的目标于是得到了良好的贯彻。

(案例提供:拆书帮苏州阊苏分舵,张然)

第 16 章　锚定效应：你的终点取决于你的起点

> 求的越多，你得到的也就越多。
>
> ——佚名

布莱恩和朗达找房子已经有几个月了。他们发现了一幢完美的房子，卖家要价 29.5 万美元。作为一个精明的谈判者，布莱恩开始做功课。他找到了这一地区所有正在出售的房源清单，其中有一幢房子跟他想买的很相似。他比较了两幢房子的地皮大小、房间数量、房子的长宽高、建筑的质量、年代、保存状态等因素。经过仔细的分析，布莱恩觉得这幢房子合理的市场价格应该是 25.5 万美元。那么挑战来了。如果卖家把注意力集中在他 29.5 万美元的要价上，布莱恩就会显得特别被动。他必然要向卖家解释为什么他想要少给 4 万美元。不过如果布莱恩能让卖家把注意力集中在他 25.5 万美元的开价上，也就是说让卖家知道与其他房子相比，为什么 25.5 万美元才是这幢房子合适的市场价格，他以接近 25.5 万美元的价格买下这幢房子的可能性就更大了。简单说来，布莱恩要做的就是把谈判的重心从卖家的要价转移到他的开价上来。

布莱恩了解锚定效应。他知道这场谈判的开始决定了整个谈判的最终结局。在这一章里，你会了解锚定效应如何影响决策——不管是谈判还是陪审团裁决——并学习如何才能减轻它的影响。

锚定效应是指不自觉地给予最初获得的信息过多重视的倾向。一旦沉锚后，我们很少再去考虑随后出现的信息。为什么会出现这样的情况呢？我们的大脑会给一开始得到的信息过多的关注。最初的印象、观点、价格和估值与之后的相比，分量会更重。

锚定效应是广告商、政治家、房地产中介、律师等游说人士广泛运用的技巧。例如，在一次模拟的陪审团审判中，原告的律师要求第一批陪审团做出1500万~5000万美元赔偿的决定，换了第二批陪审团后，原告的律师要求5000万~1.5亿美元的赔偿。与锚定效应一致的是，第一和第二陪审团分别做出了赔偿1500万美元和5000万美元的决定。

谈判并不是游说专家的专利，我们每个人在生活中都会经历谈判——讨价还价。我们买车、买卖房子、订立婚前协议或是协商薪水，都是一个谈判的过程。一旦谈判开始，锚定效应也就开始产生了。一旦有人提出了一个数字，你忽视这个数字的能力也就开始打折扣了。例如，当一个潜在的雇主问你之前工作的工资时，你的回答会影响你雇主的决定。我们中很多人都知道这一点，因此会在之前的薪水基础上向上调整作为自己的答案，希望我们的新雇主会给自己更高的工资。

> 一旦谈判开始，锚定效应也就开始了。

让我们再来看一下房价，因为对我们中的大部分人来说，买房卖房是我们要做的重大经济决策之一。研究显示，不仅买家会受到房产最初价格的影响，专家也不例外。一项针对亚利桑那州图森市的老牌房地产中介的试验证明了这一点。研究人员给这些房地产中介每人一本 10 页的宣传手册，详细介绍了这些房产，并带他们到现场看房。这本手册里面包含了房产名录、本地和临近地区最近的房价信息，以及这些房产如今的市场价格。研究人员让这些房产中介评估这个市场价是否合理，并让他们给出他们认为可以卖出去的价格。实际上，在这个试验中，宣传手册上所列的房产销售价格都不是真正的市场价。研究人员事先让专业人士给出市场价，而这些房产中介看到的价格从低于这个市场价 12% 到高于这个市场价 12% 不等。与锚定效应一致的是，房产中介看到的价格越高，他评估和给出的价格也越高。

在没有客观因素可以对比的情况下，锚定效应的影响最大。为什么一块百达翡丽的手表"值" 60000 美元？因为制造商这么说的？你有去商场看过钻石吗？你买过吗？你怎么知道自己买得值不值？一幅佚名艺术家的油画是值 50 美元还是 5000 美元？购买珠宝和艺术品尤其会受到锚定效应的影响，因为很多人难以评估它们真正值多少钱。我们经常会被卖家开始说的价格牵着鼻子走。

在模棱两可的环境中，我们尤其要注意一些琐碎的因素，因为它们会对我们产生锚定效应，使我们一直围着这个最初的位置打转。例如，一则电视直销广告承诺销售某种产品第一年可以赚 30 万美元，另一则承诺更为实际的 25 万美元，那个 30 万美元的广告往往更能吸引你去报名。这是因为我们没有足够的信息去证明其实赚不了 30 万美元。因此，一些不法分子经常用这种方法操纵消费者。

不过，我们还是有办法让自己更少地受锚定效应的影响。首先，一定要了解锚定倾向。记住我们容易受第一印象的左右，因此当我们接收最初的信息时，一定要保持警惕。你一定要仔细审查那些高（或低）得离谱的最初价格。同样，当你面对最好和最坏的情形时，也一定要谨慎，这是因为极端的锚定价格会产生更强大的效力。例如，如果在理想的状态下考虑一笔商业投资，你就很难变得实际。最后，用锚定效应的知识来提高你的谈判技巧。如果你是买家，不要过分注重最初的价格。虽然每个人心里都有一个起始点，但这些最初的价格往往太过极端和理想。不要让它们限制你的想法，缩小你的选择面。相反，如果你是卖家，你就应该反过来做。试着通过制定最初的价格来获取主动权，让谈判围绕着这个最初的数字进行。

决策技巧

- 注意最初的信息会影响你后来信息的获取。
- 警惕那些看起来特别高或特别低的最初价格以及最好和最坏的情形。
- 如果是买家,不要太看重最初的价格。
- 如果是卖家,试着通过制定最初价格来获取主动权。

案例 1

　　每次做自我介绍,说到自己在大亚湾核电站工作,我都能感觉到周围异样的眼光。我们核电站的小伙子相亲时,都屡屡被问到身体是否健康。虽然核电是世界上最安全高效的能源,但大众对核电的最初认知通常来自媒体报道,比如前几年的福岛核泄漏。因为"人会不自觉地给予最初获得的信息过多重视",所以人们对核电安全性的认知就被锚定了。

　　　　　　　　　　　　（案例提供:拆书帮深圳分舵,李军）

案例 2

在面试应聘者时，妆容精致、衣着得体的候选人会给我一种做事情比较细致的感觉，于是我就想当然地认为该候选人符合岗位要求。后来我发现，这些员工入职后表现得并不如预期，因为我"过多地重视最初获得的信息"了。为了避免锚定效应带来的面试误判，我今后会在面试中增加一个扑克牌分类测试，观察应聘者是否真的工作细致。

（案例提供：拆书帮上海申活分舵，安从真）

案例 3

小孙在三线城市的一家国有企业工作 3 年了，谈了个女朋友，准备谈婚论嫁。要结婚，先有房。小孙明白这个硬条件，他觉得，即使丈母娘不要房子，作为男子汉，也得自己买套房证明一下实力。于是他上网查看各个楼盘的信息，相关的传单和资料已经塞满 3 个纸袋了。

有一天，小孙看到广告说某个楼盘的价格 7500 元起，而那里离单位还不到 10 分钟车程。他内心一阵狂喜，心想终于找到合适的房子了。

第二天，他忙里偷闲到那个楼盘了解情况，发现 7500 元的房子早没了，剩下的只有 8500 元的了。销售人员向小孙详细地介绍了楼盘的情况，包括附近的交通、学校等，并与其他楼盘的价格对比。虽然仍对广告上的 7500 元耿耿于怀，小孙还是接受了周围房价确实在 8300 元左右的事实。再加上销售人员对小区配套、物业管理的夸赞，8500元好像还捡了个便宜。最后，在对比了附近楼盘的价格、教育、交通等情况后，小孙终于在这里买下了房产。

在买房的过程中，我们特别容易受锚定效应的影响。就在看到"7500元起"的那一刻，小孙就被锚定了。开发商经常会用低价来锚定购房者，吸引人们前来看房。

来了楼盘后，销售人员会用各种方法，重新锚定楼盘的价格。他们先用"7500元的房子没了，你来晚了"，造成房子稀缺的假象，同时也营造了楼盘卖得好的印象，然后再用教育、交通、折扣等手法将房子的价格重新锚定在开发商想要卖的价格上。

小孙在买房的过程中，至少遇到了两次心理锚定，一次是用低价让小孙来到楼盘，另外一次是用各种优势条件，让小孙将售价锚定在新的价格上。

好在小孙是个相对理性的决策者，他通过客观信息的对比，而不是销售人员的一面之词，来判断自己是否应该买这里的房子，避免了过度受到锚定效应的影响。

（案例提供：拆书帮太原黄河分舵，贾俊）

案例4

前一段时间，小贾家里卫生间洗脸池旁边水阀坏了。一是不知道阀门多少钱，二是要去建材市场购买，所以他一直拖着没有修理。最近小贾家里买了个电热水器，也需要安装阀门。

小贾问安装师傅阀门的价格是多少，想从他那里购买一个。师傅说他们的阀门卖得贵，一个得30块钱，外边的建材市场一般也就15块钱。于是，小贾抽时间去了趟建材市场，老板说15块钱，小贾想都没想就买了。结果买回去后装好，阀门还是漏水，就是因为这个阀门质量太差。小贾最后多加了钱，找老板换了一个质量好的阀门，终于解决了漏水的问题。

（案例提供：拆书帮太原黄河分舵，贾俊）

案例 5

作为一名IT从业者，我会帮助客户做很多项目。和客户约定完成时间时，我常常根据自己的经验加入缓冲时间，例如需要一个半月完成的项目，我会和客户约定2个月的完成时限。既然客户锚定了2个月，如果我提前几天完成，他们也会十分满意。

（案例提供：拆书帮苏州阅苏分舵，张然）

案例 6

在商场购物后，常常会进行抽奖，奖品是可以用200元购买一块价值2000元的翡翠。这种翡翠其实根本不值2000元，但很多人都会高兴地用200元购买它。

（案例提供：拆书帮苏州阅苏分舵，张然）

第 17 章　选择性知觉偏差：所有认知都带有偏见

> 人们并不是看不到解决的途径，他们是看不到问题的所在。
>
> ——G. K. 切斯特顿[①]

下面是认知领域的一个经典研究：研究人员让 23 名中层管理者阅读一个案例，这个案例描述了一家钢铁企业的生产运营。23 名管理者中的 6 位来自销售部门，5 位来自生产部门，4 位是会计，另外 8 位则什么工作都会做一点。读完案例之后，研究人员让管理者指出这家公司新任总裁应该应对的第一个问题。83% 的销售管理者认为销售领域的问题要首先解决，而其他人中只有 29% 这么认为。同样，生产领域的管理者认为应该先解决生产问题，会计则更关注会计问题。从这个研究可以得出的结论是：这些管理者所认为的重要问题其实与他们自己息息相关。也就是

[①] 吉尔伯特·基思·切斯特顿（1874—1936），英国作家，文学评论家，诗人。

说，他们对组织活动的认识具有选择性，而且他们的选择与自己的经历、训练和兴趣息息相关。

当情况模棱两可的时候，从上面这个钢铁公司的例子可以看出，认知更多地会受到个人的主观因素，而不是事情本身的影响。态度、兴趣、经历、背景等都会影响我们看待事情的方式。

钢铁公司的案例显示，一个组织内的部门因素也会影响认知。但是影响因素并不只有这一个，年龄、性别、种族、童年的经历、职业、家庭状况等都是影响因素。例如，比起20岁的人，70岁的人更容易注意到嘻哈音乐，因为他们对这种音乐并不熟悉。男性追求者评论了单身女子，这些单身女子往往会产生很多子虚乌有的想法。黑人、亚洲人、拉丁美洲人和其他少数族裔如果经常受到种族歧视，比起那些从没受过种族歧视的人来说，更有可能被种族主义诋毁惹怒。有孩子的夫妻看世界的角度与没有孩子的情侣是截然不同的。这也是为什么朋友可以看出我们婚姻中存在的问题，而自己却无法知觉，因为我们的朋友并没有被我们的经历和期望所累。

你认为媒体在报道世界新闻的时候客观吗？其实，是不是客观取决于你站在哪一边。例如，在一项为期10天的研究中，研究人员让支持阿拉伯世界的学生和支持以色列的学生观看美国媒体对于阿拉伯世界和以色列发生冲突的报道。两组学生都认为美国媒体的报道具有偏向性，不过偏向的对象不同。平均而言，支持阿拉伯世界的学生认为42%的报道偏向以色列，26%没有偏向以色列。而支持以色列的学生认为57%的报道偏向于阿拉伯世界，只有16%的报道没有这种偏向。

> 基于带有偏见的认知，我们选择性地认识和诠释事件，并把这种诠释称之为现实。

不管我们愿不愿意承认，这个世界很多情况太过于模糊。我们每个人都有一个独特的认知基础，通过这个认知基础我们看待和诠释这个模糊的世界。结果又是怎样呢？我们无法客观地看待发生在身边的事情。基于带有偏见的认知，我们选择性地认识和诠释事件，并把这种诠释称为现实。选择性知觉通过影响我们注意到的信息、发现的问题和开发出来的方案来影响决策程序。我们戴着有色眼镜看世界，从模糊的世界中得出没有切实根据的结论。在一项关于死刑的研究中，研究人员让死刑支持者和反对者阅读两份文件，一份文件的论据支持死刑，另一份反对。与选择性知觉一致的是，阅读了与他们本身观点背道而驰的论据后，他们不仅没有改变反而更加相信自己先前的观点是正确的。调查对象完全忽视了与他们观点对立的论据，甚至用一些论据反过来支撑自己先前的观念。

我们无法消除选择性知觉。我们每个人在认知事物的时候都会带着一个包袱，这个包袱包括以往的经历、态度以及固有的兴趣爱好，等等。但是，我们可以积极地尝试减少选择性知觉的影响，比如增加自己对此的意识，勇敢面对自己的期望，以及换位思考别人是如何看待这一事物的。

首先要承认"真相与美都是旁观者眼中的"。世界上不存在绝对的客观公正。我们都戴着特制的眼镜看待这个世界，相信我们想相信的事情。其次，你要了解自己的选择性知觉是什么。你在看待事物时，把什么样的期望带进来，以致无法做到客观。最后，问问自己如果别人有不同的期望，他们看待事物会不同吗？例如，肖娜·克拉克，她在 20 世纪八九十年代长大，这个时候正值经济快速发展期，大家对经济的期望都保持着乐观的态度。2000 年春天，股市开始了连续 3 年的下挫。肖娜认为，股票的每一次下跌都是买进的好机会。因此，只要当道琼斯指数下跌 400 或 500 点，她就一定会将钱投入股票市场。不幸的是，到 2002 年初，这样的投资让肖娜损失了 40% 的积蓄。肖娜的选择性知觉是她的经历导致的。之前，她从没有看到过股票市场出现一跌不止的情况。她的经历是即使股票市场偶尔出现短期的下跌，但总体上也还保持上涨的态势。这也是她为什么会认为股票下跌是低价买进的好机会。相反，她的父亲经历了 1973 年到 1975 年的经济低迷，她的祖父也经历了 20 世纪 30 年代初的经济萧条。因此她的父亲和祖父都不太相信市场情况能够快速好转，2000 年到 2002 年之间股票的下跌也不一定是买入的好机会。2002 年 3 月，肖娜改变了自己的投资行为，她以她父亲和祖父的视角去看待这个低迷期。她表示："当我看到市场 70 多年来的变迁，而不仅是近10年的状况时，我给自己省下了很多金钱和眼泪。"

决策技巧

- 请注意，你的所有认知都存在偏见。
- 评估在特定情况下你的期望如何影响你的认知。
- 换位思考，考虑一个局外人是如何看待这一情形的。

案例

若以九型人格来看，我是9号平和型，也就是大家口中的老好人。这种类型的人待人和善，没有太多主见，也不爱做决定，过于追求一团和气。例如在买东西时，我能够接受的价格总是比家人高，后来我才发现，我是为了避免跟售货员争执才勉强接受这个价格的。此后，再遇到讨价还价的场合，我都会自己默默地问自己："这个价格是我为了避免冲突才接受的吗？"这样一想，我的判断就和家人一致了。

（案例提供：拆书帮××，张然）

第18章　证实偏差：我听到的是我想听的话

> 我们很多所谓的推论都包括寻找论据来使自己相信我们已经确信的东西。
>
> ——J. H. 鲁滨逊[1]

麦克·迪拉尼是一名健身爱好者，青少年时期就开始锻炼，如今48岁的他依然如此。每周3天，每天2个小时，他都会在健身房举重。

此外，他平均每个礼拜都会跑56公里。有时，他也会用爬楼练习器和划船练习器锻炼一个小时。

最近几个月，麦克发现身体出现疼痛，而且疼痛的部位要比平常多得多：膝盖疼、脚腕酸、后背也痛。常规医院的医生让他去看一个运动医学专家。经过仔细的检查，专家让麦克减少运动量："你已经不年轻了，这么大的运动量对你来说太多了。你

---

[1] 詹姆斯·哈威·鲁滨逊（1863—1936），美国历史学家，美国"新史学派"的奠基人和倡导者。

的身体已经禁不起这样的折腾了。你也不用通过每天运动30~45分钟来保持身体健康。"麦克听了之后非常生气，但他的伤又让他疼痛难忍。他会遵循医生的建议减少锻炼量吗？答案是否定的。麦克回答道："如果你不经常使用一样东西，它就会失去自身的价值。我看过的文章说经常锻炼对身体的好处非常多。我的疼痛只是暂时的，可以通过锻炼来改变它。如果我减少运动量，就前功尽弃了。我的健康水平也会跟着下降。"

其实麦克受到了证实偏差的误导。他忽视不想听见的话，只看重那些能够支撑他先前观点的信息。

理性的决策过程要求我们客观地收集信息，但是我们却做不到。正如上一章所说的那样，我们选择性地收集信息。证实偏差是选择性认知的具体表现之一。我们寻找信息来再次确认之前的决定，不重视那些与自己的判断相矛盾的信息。我们也倾向于仅凭表象就接受那些与我们观点一致的信息，对挑战这些观点的信息持批判和怀疑的态度。因此，我们收集的信息通常都倾向于支撑我们早已持有的观点。这种证实偏差会影响我们去何处寻找信息，因为我们往往会去那些可能会说我们想听的话的地方寻找信息。此外，它也让我们过于注重支撑性的信息，忽视矛盾性的信息。

> 这种证实偏差会影响我们去何处寻找信息，因为我们往往会去那些可能会说一些我们想听的话的地方寻找信息。

我们为什么会倾向于寻找支撑现有观点的信息而屏蔽挑战现有观点的证据呢？一种解释就是一致性。在前面几章曾经提过，合理的决策需要连贯一致。为了达到一致性，我们继续沿着之前的道路行走，并忽视那些证明我们走错路的证据。另一种解释是证实性证据对我们来说是一种奖励，更具有说服力。做自己喜欢的事情，我们会更加投入。证实性证据对我们来说是种奖励，因为它告诉我们自己走的路是对的，而非证实性证据暗示着我们并没有自己想象的那么聪明。第三种解释是证实性证据减少冲突和复杂性。如果我们可以暴露在那些不挑战我们现有的、系统性的、连贯一致的知识储备的信息流中，我们的生活和决策也会更简单。通过对大量决策进行分析，我们就可以看出自己的证实偏差。例如，在恋爱阶段，证实偏差让我们忽视那些表明两个人合不来的信息。同样，证实偏差也会制约我们的职业选择。过于看重当前工作的好处，我们就会一直做着一份限制自己天赋的工作，错过全新的就业机会。此外，证实偏差还会影响我们的投资决策，让我们忽视那些证明当前决策不起作用的信息。

不幸的是，研究表明证实偏差很难克服。即使最简单的对策——积极寻找矛盾的或非证实性的信息——也很难做到。即使当你把大量非证实性证据整理好交给一个人，对这个人决策所起的作用也比较有限。你是真的想要寻找信息做出一个全面考量的决策呢，还是仅仅寻找信息来支持你想要做的事情？如果是前者，你就应该有目的地寻找非证实性信息。这意味着你要做好准备听一些你不想听的话。此外,你也要尽量保持怀疑的态度直到它变成一种习惯。你还要训练自己,经常挑战自己最引以为豪的观念。就像辩方律师寻找证据来证伪原告的观点一样,你要思考为什么你的观点可能是错的,然后积极地搜寻可能存在的证据来证明它们确实不对。

决策技巧

- 持有怀疑态度。
- 积极寻找与你的观点背道而驰的信息。
- 思考为什么你的观点可能是错的,然后试着证明它们确实不对。

案例

我的小学同学老孙,在太原看到菜市场上卖包子的生意很火,觉得卖包子是个不错的生意,利润也比馒头高,于是就想在老家的县城里也开个包子铺。

老孙凭直觉认为卖包子一定能赚钱,他的父亲和哥哥也觉得卖包子能赚钱。为了做出好吃的包子,他们下大力气研究怎么做馅、和面。此外,他们还借钱买了6万多的机器,加快包子的生产速度。老孙的表姐曾经卖过包子,说做包子赚不了多少钱,关键得找对销路,有人买。老孙的母亲也这么认为。老孙笑笑说,能卖出去,放心。

忙碌了一个多月后,成品的包子做了出来,味道也不错。老孙在各家小卖铺投放了包子,但一天下来只卖出不到50个,连成本都不够。半个月后,情况没有丝毫改善,老孙不得不接受现实:县城里根本没多少人买包子,销售才是关键。他非常后悔没听表姐和母亲的话。

老孙在卖包子的决策上,忽视了母亲和家里表姐的话,听到的都是自己想听的话。结果钱没赚到不说,还欠了4万多元的债。

(案例提供:拆书帮太原黄河分舵,贾俊)

第19章　框定偏差：杯子是半满还是半空

> 第一位裁判员："谁的球、谁进攻，是怎么样我就怎么判。"第二位裁判员："谁的球、谁进攻，看到什么我就怎么判。"第三位裁判员："谁的球、谁进攻，我怎么判就是怎么样。"
>
> ——H. 坎特里尔[①]

下面的故事显示了框定和决策之间的关系。两个牧师嗜烟如命，他们在祈祷的时候经常会被吸烟的问题所困扰。第一位牧师问他的主教："我在向上帝祷告的时候，可以吸烟吗？"主教狠狠地回答说："不行。"第二位牧师同样问这个主教，但问题稍微变化了一些，他问："在那些吸烟的脆弱时刻，我可以向上帝祷告吗？"主教的回答是："当然可以，我的孩子。"请注意，相同的问题只是措辞改变了，主教的决定就截然不同。

框定是我们在认识事物时创建的一种心理结构。因为我们

[①] 哈德利·坎特里尔（1906—1969），美国心理学家。

用语言沟通，而语言塑造了框定。通过改变措辞，我们看待和理解事物的方式也改变了。我们可以把框定想象成摄影师所用的相机。视觉世界不仅大而且模糊，当摄影师用相机聚焦在某一处景物的时候，就形成了照片。他们把注意力集中在想要的事物上，这是最关键的。作为决策者，当我们界定问题、考虑方案或评估可能性时，也会做相同的事情。例如，我们界定问题的方法与这个问题最终可能的解决方法息息相关。这里正好有一个实例。我的一个朋友已经失业近一年了，说起这个话题，他总在抱怨"工作机会太少了"。聊起来，我得到的信息是他不知道自己想要做什么。所以我认为他的问题是"缺乏目标"。我的朋友每天寻找各种工作，发送几百份简历。我把他的问题框定为缺少目标，所以如果我是他，我会花时间来评估自己的技能和能力，然后再确定要寻找什么工作。尽管我们之间谁的做法是正确的并不重要，但是我们的行为会出现差异的原因是我们框定的选择不一样。

框定决定了在一个情形中哪些方面会被考虑，而哪些方面会被排除在外。就像照片一样，框定的坏处是会制造盲点。仅从字面上讲，框定就已经意味着把一些事物排除在外。因此，框定会限制我们看到的事物，并设立不准确的参考点。把注意力集中在特定环境下的特定方面并强调它们的同时，我们对另一些方面不予重视甚至忽视。因此框定会让我们无法客观地看待事物。

为什么不同的人在看待同一问题时会出现不同的看法呢？因为，我们会基于自己的经验、素养和文化等因素来框定这些问题。你、我和整容医生看到同一张脸时，整容医生看到的是不完美的鼻子。工程师和艺术家的不同素养让他们在看待世界时产生不一样的想法。与之相似，不同的文化传授给下一代不同的价值框架。英国人教育下一代民主的价值，古巴人教育下一代社会主义的优越性，美国人注重果断，瑞典人却不这样。这些价值观塑造了我们的焦点和盲点。

> 你、我和整容医生看到同一张脸时，整容医生看到的是不完美的鼻子。

一项比较著名的有关框定效应的研究显示：人们对待收益和对待风险的态度有很大的不同。当决策结果被框定为避免损失时，我们更愿意尝试风险。当框定为有所收益时，我们就不太愿意冒险。同样，我们对损失的反应比收获更为极端。通常，损失金钱时的痛苦感比收获同样多金钱时的快乐感要大得多。例如，输掉 1000 美元的痛苦感可能是赢得 1000 美元所带来的幸福感的两倍。不愿遭受损失就是我妻子不想投资股市的原因，因为她经常认为她买的股票可能会跌。

我们对潜在结果的描述方式会对我们的行为产生很大的影响。有研究显示，对癌症治疗结果的表述方式会影响患者的反应。如果告诉肺癌患者，手术后一年内存活的概率是 68%，他们就更愿意接受手术；如果告诉他们手术后一年内的死亡率是

32%，他们就不太愿意接受手术。在面临一个存在潜在损失的决定时，我们更愿意冒险来避免这个损失。这也证明了为什么股票下跌造成损失时我们还是不想卖出股票。我们把注意力集中在卖掉股票会造成的经济损失上，而不是集中在把这些钱投向另一只股票会得到的收益上。20世纪90年代末互联网经济繁荣时，虽然事实上很多互联网股票已下跌了90%，很多投资者还是认为会涨回去。他们会说："Pets.com公司的股票我是11美元买进的，现在虽然只值2美元了，但以后会涨的。"然而2000年11月份，Pets.com公司进行清盘时，股票跌到了19美分。

　　框定偏差对人们的反应造成巨大影响的例子并不少。例如在商业中，在你要销售贵重的物品——如房子、艺术品、老爷车——时，如果能成功地用"这是一项投资而非花费"来框定潜在客户的思路，你就更可能成功销售。当然，美国的枪支销售管理很大程度受到全美步枪协会的影响，他们辩称持枪是宪法第二修正案所保护的"自由"。他们成功地通过让民众认为管制枪支就是让公民丧失持枪权来影响公众的看法。

　　我的建议是，首先要注意那些你经常使用的框定。你的框定强化了什么？弱化了什么？第二，确保这个框定能够让你恰当地看待问题。很多人在情感上特别喜欢某一种框定，因此想把这种框定用在所有的问题上。例如，信任别人在很多情况下都是一种恰当的框定，但是在有些情况下也会导致糟糕的决策。第三，可以尝试用不同的方法重新框定问题，看看这样是否会改变你的主意。例如，我认识的一位高中老师，已经教了几十年书，他总是认为自己的学生懒惰又不负责任。教授尖子班学生大学课程内容时，这种框定让他麻烦重重。当他重新把自己的学生框定为好奇心强、志向远大时，效果就好多了。最后，通过证伪的方法来不停地挑战你的框定，想想为什么它可能是错误的。我的一个社工朋友活得很累，因为她确信服务机构就是精神监狱。她坚信，服务机构通过职位描述、部门设置、规章制度限制了选择的范围，最终制约了工作人员。当我让她考虑这种框定存在的缺陷时，她的观点和态度出现了改变。她越来越认为服务机构就是一种合作机制，在这里个人与团体一起合作完成共同的目标。

决策技巧

- 注意你使用的框定。
- 确保你的框定能够合适地看待问题。
- 尝试用不同的方法重新框定问题。
- 通过证伪的方法来不停地挑战你的框定。

案例 1

小李最近一个月做的都是琐碎的事情，感觉并没有什么成长和价值可言。每天处理纠纷和问题，让她充满了负能量。后来小李发现，自己可能是受到了框定偏差的影响。职位不同，工作内容自然就不同，自己是在做别人无法完成的重要事情。

案例 2

小李和小王在某校读初二，小李学习成绩一直是前几名，小王则是让老师头痛的差生。有一次在晚自习上，小李和小王先后打起了瞌睡，巧合的是，他们各自将一本书竖着放在自己的脑袋前，以为可以挡住巡查老师的视线。没一会儿，巡查老师发现了他们，气呼呼地走到小王身边，用手中的书用力拍醒了小王。小王醒来，用手指着小李，质问老师："为什么只拍我，不拍他？"老师回答："为什么拍你？你一看书就打瞌睡，所以成绩才上不去。再看看人家小李，打瞌睡时都在看书，所以成绩那么好！"

案例 3

记得小的时候，一天父亲下工晚了，我和弟弟肚子饿，吵着要吃饭，母亲无奈，只好先开饭。饭菜本来不多，我和弟弟吃饱后留给父亲的就更少了，母亲心里很是歉疚。父亲回来后，不待母亲开口，就揭开锅盖笑着说："还有这么多饭菜哩！"同样的一碗饭，一碟菜，母亲歉疚，是因为想到丈夫在外工作一天，回家连饭都吃不饱；父亲说"这么多饭"，是在安慰母亲，他觉得只要妻儿不饿，自己忍饥挨饿不算什么。牛顿说："愉快的生活，是由愉快的思想造成的。"我家虽然清贫，但有个乐观的父亲，家中也就充满了愉悦与温馨。

（案例提供：拆书帮南昌滕王阁分舵，阿波罗）

第 20 章　易得性偏差：你最近为我做了什么

> 我记得东西应该就是这样的。
>
> ——T. 卡波特[①]

2013 年 5 月，美国各大报纸和各大电视媒体的头条新闻都是克利夫兰三名年轻女子消失十余年后被重新找到。这几名女孩当时被一个陌生人绑架并关了起来。在这个十多年的谜团被解开之后，媒体开始报道全国范围内的儿童失踪事件。媒体很显然是在利用父母害怕自己的子女被陌生人绑架的心理。

我使用"利用"这个词是因为，父母会毫无理由地担忧子女被陌生人绑架。同样，父母对绑架案件激增的认识也毫无根据。让我来分享两个事实。第一，大部分失踪的孩子并不是被陌生人拐跑的。大部分孩子失踪是因为离家出走、被亲人带走或仅仅是失去联系。事实上，只有万分之一的孩子是被陌生人

[①] 杜鲁门·卡波特（1924—1984），美国作家，代表作有《冷血》《蒂凡尼的早餐》。

拐走的。第二，1997年至2011年间，儿童失踪案件实际上减少了31%。与媒体的大肆炒作相反，儿童失踪并不是一个普遍的现象。事实上，在美国每年约有100个孩子被陌生人绑架——虽然是痛心的事实，但远没有成为普遍现象。14岁及以下的儿童因自行车事故而死亡的概率甚至高于被陌生人绑架的概率。最后我还想再讲第三个事实：媒体间的竞争让媒体追逐轰动效应。报纸、电视台、有线电视、美国有线电视新闻网、推特等不计其数的媒体都想争夺你的注意力。因为绑架可以吸引你的注意力，所以炒作它就容易提升关注度。

那么为什么比起十几二十年前，如今的父母更害怕子女被绑架呢？因为他们受到了易得性偏差的影响。易得性偏差让我们趋向于记住那些最容易从记忆中提取的事件——这些事件多是最近发生的、较为生动的事情。因此我们客观地回忆事件的能力大打折扣，我们的判断和概率估计也会受到影响。在儿童失踪案例中，媒体对一件事情的大肆报道扭曲了这些事情实际发生的可能性。

正如在第3章"做到理性很难"中所说的那样，这一现象的另一个显眼的例子就是恐飞症。各种客观证据一致表明飞机即使不算是最安全的交通工具，也算得上是最安全的交通工具之一。死于飞机事故的概率为一百一十万分之一，而死于汽车事故的概率为五千分之一。然而很多人都不相信这些数字，不愿意思考它们。为什么？因为飞机从天上掉下来乘客遇难，可以成为头条新闻。这种事故的报道和照片牢牢抓住了我们的情感，并在我们的记忆深处留下了不可磨灭的印记。在美国，每天有近百人死于汽车交通事故。然而，如果死者不是我们的亲朋好友，或是交通事故比较特殊（例如"50辆车连环相撞10人死亡"）的话，这些死伤并不会影响我们的行为或未来的决定。媒体对地震、龙卷风、鲨鱼袭击、恐怖袭击等戏剧性事件的报道让这些事件更容易被记住，因此我们会认为这些事件经常发生，而事实却并非如此。

> 媒体对地震、龙卷风、鲨鱼袭击、恐怖袭击等戏剧性事件的报道让这些事件更容易被记住，因此我们会认为这些事件经常发生，而事实却并非如此。

理解这一偏差的关键是认识到自己是经验的产物。你的所见所闻和过往经验塑造了你对风险和概率的感知。由于经历存在偏差，你对风险和概率的感知不一定准确。

那么这种偏差与决策有什么关联呢？因为很多人都没有客观平衡的经历，所以我们会扭曲对风险和概率的感知。我们会避免一些实际上并不那么大的风险，而忽视那些不应被忽视的风险。于是我们就做出了一些糟糕的决定，比如在旅行、保险和锻炼方面。我们不去那些异国他乡的风景区，因为我们害怕会变成恐怖袭击和绑架的受害者。经历了一次大地震后，洛杉矶和西雅图的民众疯狂地购买地震险，而事实上近期再发生大地震的风险大大地降低了。看到了52岁的健身教练跑步时突然死亡的新闻，人们就认为锻炼非常危险。

聪明的商务人士懂得如何把这种易得性偏差转化为自己的优势。保险销售员也会利用我们倾向于高估不太可能发生的事情这一事实，来推销高利润的保险产品，例如地震险、龙卷风险、火灾险和洪灾险等。那些懂得"眼不见心不想"的产品经理会投入大量资金进行产品的广告宣传，这样一来他们的产品和服务会在我们脑海中挥之不去。电影制片人同样懂得这一偏差，这就是为什么每到年末他们就会推出很多精品电影。为了争夺奥斯卡奖，电影制片人意识到在投票的时候，人们更容易回忆起他们上个月看的电影，而非10个月、11个月前看的电影。同样，政治活动家也会利用这一倾向。例如，2011年日本福岛核电站三个核反应堆发生泄漏以后，反核人士立即使用这一事件进行反核抗议示威，要求废除核能。

易得性偏差很难克服。不过，我可以给你几点建议。首先，在决策之前，不要过分依赖你的记忆来获取信息。对于一些重大的决定，多进行客观研究，收集更多数据以替代记忆中的信息。例如，很多老板都认识到在考核员工时，他们会倾向于注重最近员工都做了些什么。为了对抗这一倾向，他们会把每一个员工的表现记录在册子上，并定期更新。在考核员工绩效时，他们就可以参考这一信息。第二点建议就是质疑你的信息。问自己这样一个问题：我有没有过分受到一些已经存在的、最近的或生动的信息的影响？最后，一个长期的应对措施就是扩展你的经历见识。多阅读、多旅行，了解更多样化的民族、更丰富的文化。你的阅历越丰富，你对风险和概率的感知也就可能越精确。

决策技巧

- 不要过分依赖你的记忆。
- 问问自己是否过分受到一些已经存在的、最近的或者生动的信息的影响。
- 扩展你的经历见识。

案例

我有一位朋友小赵，他的叔叔最近因为重病去世。小赵情绪很低落，碰到我的时候，不时地感叹世事无常，说一定要保重身体。

过了几天，我又碰到了小赵。他说他最近买了保险，一年得花去 1 万多元，也就是他纯收入的 50%。因为叔叔的去世对他打击很大，这些保险中保障他叔叔得的那种病的就有两种。一般家庭的保险投入都不会超过家庭总收入的 30%，以免对生活质量产生过大影响。

　　小赵买保险时受到了易得性偏差的影响。他买的两款保险都保障了叔叔得的那种病,可见他对亲人最近过世的事情记忆深刻。

案例提供:拆书帮,贾俊

第21章 代表性偏差：没有什么成功可以复制

> 我不想参加任何要我成为会员的俱乐部。
>
> ——G. 马克思[①]

几年前的一项调查发现，13~18岁的非洲裔美国人中有66%认为他们可以通过成为职业运动员来赚钱。但现实中，高中运动队的成员长大后成为职业运动员的概率只有一万分之一。为什么这些孩子的想法如此不切实际？

答案是这些孩子受到了代表性偏差的影响。他们评估一个事件发生的可能性是基于这个事件与其他事件或其他一系列事件的相似程度。媒体和广告商做了大量和他们有相似经历的黑人青年的报道和宣传，在这些报道中，这些黑人青年长大后成为年收入几千万美元的职业篮球、橄榄球和棒球运动员。因此这些孩子相信他们也可以成为职业运动员。他们这是在进行类比，并且幻

[①] 格鲁乔·马克思（1890—1977），美国喜剧演员。

想一些并不存在的相似情形。

有时候，我们都会受到代表性偏差的影响。例如，你在赌场赌过钱吗？如果你玩过老虎机、俄罗斯转盘或者21点，你相信模式吗？

我相信，而且我应该更了解这一点。如果一台老虎机已经很久没有人赢了，"转机"也该到了。如果在玩21点的时候，我看到庄家有"输的趋势"，那么我会赌得更加厉害。其实我应该知道这两种游戏永远都是赌场赢得多。概率事件也不会自动调整。以前发生的事情对未来将要发生的事情没有任何影响，然而很多人却认为概率会平衡事件发生的可能性。我们相信在玩俄罗斯转盘的时候，如果前六次小球都停在黑色上，那么下一次一定会停在红色上，很多时候事实证明这种想法是错误的，但是人们还是继续这么认为。尽管从长期看，如果你抛硬币，正反面出现的概率是一样的；但是从短期看，一面连续出现5次、7次或者10次也并不罕见。

> 概率事件不会自动调整。以前发生的事情对未来将要发生的事情没有任何影响，然而很多人却认为概率会平衡事件发生的可能性。

由于不了解代表性偏差，几百万人遭受了投资损失。他们投资共同基金，这本身并不是一个糟糕的决策。让他们惹上麻烦的是，他们不知道选择哪支共同基金进行投资。很多人会错误地选择前几年收益第一的共同基金。他们的逻辑是什么？去年的赢家在未来还会继续赢。不幸的是，对于很多投资者来说，这种逻辑是有瑕疵的。从长期看，任何一只共同基金都会朝着所有共同基金的中间值发展。极端的表现——不管是好还是坏——之后趋向于出现一般的表现。因此，去年收益第一的共同基金今年可能表现平平，而去年收益不佳的共同基金今年可能会提升收益。对于股票来说，一些投资专家建议使用这一模式来打败市场中间值。狗股理论的支持者建议你每年年底从道琼斯工业平均指数成分股中找出10只股息率最高的股票，新年买入，一年后再找出10支股息率最高的成分股，卖出手中不在名单中的股票，买入新上榜的股票。这一理论的逻辑是高股息率通常意味着较低的股票价格。从长期来看，这一策略基本上是有效的，因为极端股票会朝着中间值发展。这种做法就会让你受益。

"趋均数回归"这一现象在体育运动中更容易看到。当一名平均击球率是0.22的棒球运动员在一场球赛中四发四中，你觉得他在下一场比赛中也会出现这样的成绩吗？大概不会。潜意识中你知道，下一场比赛中，他更可能出现四发一中的成绩。对体育迷来说，这似乎是显而易见的结果，但是投资者却看不出类似的情况。一个很好的例子就是20世纪90年代末，数以千万计的人高估了科技股的增长潜力。他们开始相信在未来10年里纳斯达克市场平均每年将上涨16%这一类荒谬的"事实"。得出这样的结论，是因为忽略了趋均数回归。

对趋均数回归的忽视从两个方面扭曲了决策程序。首先，人们并没有想到回归均值在很多情况下必定会发生。其次，即使他们承认它，也往往善于做出一些有创意的解释，例如"运气好""运气坏""这一次不一样而已"，等等。在美国，2006年为了证明买进天价房是正确的决策，一些人称"房价永远不会降"，谁知房价马上出现跳水。

代表性偏差的另一个例子涉及样本量。请注意这两句话之间的区别："接受咨询的分析师中，五个里面有三个建议投资者分配至少80%的理财资产用于投资股票"与"对2000名分析师的咨询发现，1200名建议投资者至少将80%的理财资产投资股票"。虽然从表面上看，这两句话是相似的，但其实并不是这样。第一句话并没有告诉我们"五个里面有三个"是指60%还是只有五位分析师接受了咨询。如果是60%，总体样本是多大呢？第二句话为我们提供了一个更具代表性的样本，我们知道它包括了2000名分析师。

请记住，小样本会出现有偏差的结果。它相当于抛五次硬币，五次全是正面。这样的结果在小样本中并不罕见。但是，如果你抛1000次硬币，1000次全是正面，那么你可以得出一个安全的结论——这个硬币有问题。我想说的就是在你基于一个小样本进行决策时一定要持谨慎的态度，因为它会影响你的判断。

根据相关研究，这里有几点克服代表性偏差的建议。首先，在不完全相同的情况下进行比较要谨慎。如果你的前任恋人是艺术家，而且这个人轻率不负责任，并不意味着你刚刚认识的新恋人——他恰好也是一位艺术家——也有类似的个性。其次，牢记趋均数回归。极端的表现——无论是正面的还是负面的——之后往往会出现趋于平衡的表现。最后要知道小样本会扭曲结果。例如，不要因为有四条随机评论认为某本书好，你就急着去买这本书；也不要由于两位前客户的正面评价，就选择一个建筑承包商。

决策技巧

- 在不完全相同的情况下进行比较要谨慎。
- 极端的表现之后往往会出现趋于平衡的表现。
- 小样本会扭曲结果。

案例

《古墓丽影：源起之战》2018年3月16日上映，上映1天，观影人数已有10万人；《水形物语》2018年3月16日上映，2天时间观影人数为4万人。你是否会根据观影人数来选择自己想看的电影呢？你是否会默认认为《古墓丽影》会按照每天10万人的观影人数递增呢？如果你的答案是"是"，你可能就犯了代表性偏差的错误，把自己的选择权交到了其他人的手里。

（案例提供：拆书帮上海申活分舵，孟钢）

第22章　发现隐藏的模式：不要为随机事件赋予意义

> 我们必须相信运气。不然怎么解释那些我们不喜欢的人的成功呢？
>
> ——E. 萨蒂[①]

　　股市上涨150点后，分析师很快告诉我们，"低通货膨胀率和强劲的消费者信心"是推动股市上涨的原因。第二天，股市又下跌150点，这些分析师又跟我们说，出现这一情况的原因是"中东局势不稳定，以及受到沉重债务负担的影响，市场担心消费者可能削减开支"。

　　是不是很神奇，这些分析师在对股票市场行为的解释中似乎从来不会迷失？有趣的是，当涉及准确预测股票市场明天的走势时，他们就没有如此精准的洞察力了！

[①] 埃里克·萨蒂（1866—1925），法国作曲家。他被法国音乐六人团尊为导师，是20世纪法国前卫音乐的先驱。

对于新手来说，他们很容易轻信这些分析师。让我给你一些建议：别听这些所谓的"专家"的了，事后"专家"毫无价值。在报纸的商业版以及财经新闻中，一些年收入达到百万美元的分析师经常跟投资者保证，每一个市场动向背后都隐藏着逻辑和理性。遮住你的眼睛，捂上你的耳朵吧，这样做说不定会为你省点钱。

在处理概率事件的时候，很多人都会遇到困难。大多数人都愿意相信，对于世界和命运我们还是有一部分的控制权的。（见第7章）虽然深思熟虑的决策确实让我们可以控制自己未来的一大部分，但是世界始终包含着很多偶然事件。你需要接受这个事实，把偶然事件和那些遵循既定模式的事件区分开来，并避免为随机数据创造意义。

让我们回到股价走势。尽管短期内股票价格的变化基本上是随机的，但大量投资者或是他们的理财顾问相信，他们可以预测股票价格的走势。例如，研究人员给了一组测试者股票价格和走势信息。测试者约有65%肯定，他们能够预测股市的变化方向。实际上，这些人预测的准确率只有49%——这个概率给你的感觉是他们并不是在预测，而是在猜测。

当我们试图给偶然事件添加意义的时候，决策程序的效果就会大打折扣。就以购买彩票为例。你有没有注意到这样一件事：当一个彩票售卖点卖出一个大奖之后不久又开出了一个大奖，该售卖点就会出现哄抢的现象。此前就有一个名叫"罗伊的迷你超市"的彩票售卖点，2月的时候卖出了一张1000万美元的彩票，6月份又售出了一张8500万美元的彩票。于是很多人认为，如果我在这家超市买彩票，就会增加中奖的概率。尽管卖出一张中奖彩票完全是随机事件，很多人依然相信这里存在着内在模式——某些售卖点的中奖概率更高，然后我们就可以利用这一模式中大奖。

如果使用"命运"来解释随机事件，那么我们的决策程序受到的损害就更严重了。因为我们难以相信偶然事件，所以很多人会寻找合理的解释。当所有理性的解释都无法说得通时，我们就会认为是命运和运气使然（见第7章"控制向"测试）。可悲的是，一些威胁生命的疾病（如多发性硬化症和乳腺癌），都是随机事件，但是我们经常会把原因归结为命中注定、运气不好或是"神的旨意"。

随机事件催生的最严重的扭曲是我们把假想出来的模式转化成迷信。它们或是凭空想象出来的（"如果13号正好是周五，那么我从来不在这一天做重要的决定"），或是从先前行为的特定模式中演化而来（"我总是穿我的幸运鞋参加重要会议"）。一些迷信的做法在体育运动员身上常常可以看到。虽然大家都有一些迷信行为，但当它们影响到日常判断或重大决策时，会让你疲惫不堪。极端情况下，一些人深受迷信的影响，几乎无法改变思维，也无法客观地处理信息。

第22章 发现隐藏的模式：不要为随机事件赋予意义

> 随机事件催生的最严重的扭曲是把假想出来的模式转化成迷信。

每个人身上都会发生随机事件，而且你根本无法预见到它们会发生（这就是称之为"随机"的原因）。所以请不要预测。你要承认，生活中的一些事情超出你的掌控。问问自己这是可以用模式解释的事情还是纯粹的巧合，请不要刻意给巧合赋予意义。此外，坦诚面对迷信，识别它们并对它们发起挑战。对于每一个迷信，问问自己这些问题：它是否限制我做出改变？它会给我带来任何不正常的后果吗？如果对每个问题，你的回答都是"是"，那么你已经成了一个怀疑论者。试图找出你选择继续相信这种迷信的充分原因。每次发现自己落回到旧习惯的时候，强迫自己忽略这个迷信。

决策技巧

- 承认有些事情会在你的控制之外。
- 不要试图为随机事件赋予意义。
- 承认你的迷信，并挑战它的有效性。

案例 1

2016 年夏天,我要去考驾照。

早上出门前,我换上精心准备的鞋子——那段时间经常下雨,干燥的鞋子能让我发挥得更好。结果,我刚出小区就一脚踩进水里,心里暗道:"倒霉!一大早运气就不好,考试会不会过不了啊?"

在教练载我们去考场的路上,一位同学接了个电话,她最后说:"不说了,我先挂了啊!"我和另外几位同学大叫起来:"干吗说'我先挂了啊'?很不吉利的!"同学后悔得不得了,怪她老公这个时间打电话来。

最后,说"我先挂了"的同学并没有挂,鞋子打湿了的我也顺利通过了考试。

案例 2

曾经有一篇文章这样论证"态度"的重要性:如果把字母 a 到 z 分别编上 1 到 26 的分数,(a=1,b=2,……,z=26),"attitude"(态度)决定一切,因为这些字母的得分加起来恰好是 100 分(1+20+20+9+20+21+4+5=100)。

我一开始觉得这种说法很有道理,直到看了李笑来的《把时间当作朋友》。在大不列颠语料库英文词汇表中,李笑来找到 1000 多个得分 100 分的单词,在书里他列出 20 多个,包括"stress(压力)""flurry(慌张)""inflation(通货膨胀)"等。

看了这本书,我才发现自己是迷信于满分"100 分"了。

态度不是不重要，但是用字母的得分相加这个论证方式站不住脚。

（案例提供：拆书帮武汉珞珈分舵，May）

第23章　熟悉度偏见：不要被熟悉的事物蒙住了眼睛

> 最古老和最强烈的情感是恐惧，而最古老和最强烈的恐惧是对未知的恐惧。
>
> ——H.P.洛夫克拉夫特[①]

沃伦·巴菲特和彼得·林奇通过遵循"投资你熟知的领域"这一信条创建了庞大的金融王朝。巴菲特拥有超过600亿美元的净资产，他承认，如果不了解一家公司的产品或服务，他是不会购买这家公司的。巴菲特继续购买那些他了解的公司，例如时思糖果、政府雇员保险公司、冰激凌品牌"冰雪皇后"、内衣品牌"鲜果布衣"以及伯灵顿北方铁路公司，等等。

1977年到1990年，彼得·林奇经营了麦哲伦基金（原名富达基金）。他避开热炒、快速增长的行业，遵循"投资你熟知的

[①] 霍华德·菲利普斯·洛夫克拉夫特（1890—1937），美国恐怖、科幻与奇幻小说作家，代表作有小说集《克苏鲁神话》。

产业"这一战略，投资被低估的股票。他很早就投资了一批优秀的公司，例如美食连锁品牌"塔可钟"、"一号码头"进口公司、包装食品和卷烟生产公司"菲利普·莫里斯"公司和咖啡甜品连锁品牌"唐恩都乐"，等等。正因为如此，在林奇经营的阶段，麦哲伦基金成为美国排名第一的普通股票型基金，平均年回报率达到了惊人的29.2%，是20年来收益最好的共同基金。

无论巴菲特还是林奇的投资决策都受益于熟悉度偏见——选择熟悉的地方、人物或事物，不选不熟悉的。当做决定时的情况与以前出现过的情况类似时，我们倾向于把之前做过的决定照搬过来。但与巴菲特和林奇相反，这种倾向可能会对你的决策结果造成显著的负面影响。它可能意味着放弃你不熟悉的资产，而这些资产可能有较高的收益，并且风险也不一定会高。虽然巴菲特和林奇在投资领域堪称天才，但是熟悉度偏见也使他们错过了苹果、亚马逊（Amazon.com）、线上拍卖购物网站eBay、旅游服务网站Priceline.com、在线影片租赁提供商Netflix以及谷歌。

> 当做决定时的情况与以前出现过的情况类似时，我们倾向于把之前做过的决定照搬过来。

熟悉度偏见是易得性偏差的延伸（第20章"易得性偏差"）。易得性偏差与我们记忆深处最近和最生动的回忆重现有关，熟悉度偏见与回忆所带来的放松有关。当大脑处于紧张或是超载状态时，我们会寻找捷径。在生成备选方案和评估它们的时候，我们尤其会避免冗长的计算。

熟悉度偏见方面最详细的研究是关于投资决策的。大量的证据表明，一般的投资者倾向于投资自己熟悉的股票。这有利于美国拥有良好声誉的大型公司，但结果是投资无法多样化以及风险的增加。例如，国外股票应该属于大多数人多元化投资组合的一部分，但由于熟悉度偏见，很少有人这么做。同样由于熟悉度偏见，员工倾向于持有自己公司的股票。例如，60%的安然养老金计划由安然股票组成。安然公司垮了，员工就只能眼睁睁看着自己的退休金蒸发。

熟悉度偏见同样可以解释为什么消费者习惯性地购买之前买过的品牌，它甚至也可以用来预测选民可能会投票的政党。可口可乐和苹果等品牌每年要花费几十亿美元做广告，它们利用消费者的熟悉度偏见，增强消费者喝可口可乐、玩iPad的习惯。你也许会预测50%的孩子会跟他们的父母一样选择同样的政党，但是调查显示这个比例高达70%~75%。这也证明了人们确实倾向于选择自己熟悉的东西。

熟悉度偏见也会影响我们的医疗决定。如果一种疗法以前奏效，我们更有可能选择这种疗法，即使这种疗法与现状不相关。同时我们也会仅仅因为听说过就选择知名品牌的药品，即使其他更便宜的、不知名品牌的药品效果相当。

投资时选择熟悉的事物，会让我们低估风险。低估了风险，我们就不能通过多样化来抵消这种风险，乃至持有了不平衡的投资组合。如果我们熟悉房地产，就会将过多的资源投入房地产市场。投资艺术品、老爷车、邮票收藏品、股票和债券也是如此。由于我们倾向于选择自己知道的，我们就会做出一些常见的错误选择，如花太多的钱买自己公司的股票，增持单一类别的资产（股票、债券、土地等），减少不熟悉领域的投资。

为了最大限度地克服熟悉度偏见，你需要强迫自己走出舒适地带，寻找那些看似遥远或陌生的决策方案，尝试未尝试过的事物。不断审查自己的财务投资，确保它们满足你的多元化目标。

决策技巧

- 不要把所有的鸡蛋放在同一个篮子里。
- 寻找那些看似遥远或陌生的决策方案。
- 不断审查自己的财务投资，确保它们满足多元化目标。

案例

春节期间，真真安排全家到三亚度假。去程是先坐早班飞机到海口（680元），再乘高铁到三亚（108元），共用去788元；

回程是先从三亚坐火车到海口（108元），在海口住一晚（170元），再赶早班飞机回家（780元），共用去1058元。

后来真真无意中发现，回程当天三亚直飞武汉的机票才980元，比她安排的行程便宜了78元。现在花了更多的钱，还要舟车劳顿起个大早，老人孩子都得受这样的折腾。这样一想，真真很失落。

真真受了熟悉度偏见的影响，直接将前两次去三亚的行程照搬过来，却忽略了前几次都不是春节期间，所以武汉—海口才比武汉—三亚的机票便宜300元以上。

（案例提供：拆书帮武汉珞珈分舵，李真）

第24章 理解沉没成本：承认错误，及时止损

如果一年前你无知，那么一致性要求你今天也无知。

——B. 贝伦森 [①]

纽约市居民南希·西格尔买了一张芭蕾舞的演出票。在出门的前一个小时，她觉得非常累，而且有点恶心。她不想走八个街区去林肯中心并在那里坐三个小时看演出。晚上她真正想要做的是蜷缩在沙发里看书，但她强迫自己去看芭蕾。她的解释是："我已经花了120美元买了票，我不想浪费钱。"

这时南希做出了一个不理智的决定。这个决定受到了沉没成本的影响。如果南希理性的话，她就应该只根据未来的后果来做决定。她已经支付的票款不应影响她未来的决策。然而，她把这种不能退还的支出看成是当前的投资，事实并非如此。跟南希一样，如果你考虑未来的收益和成本，而不是过去的成本的话，

[①] 伯纳德·贝伦森（1865—1959），美国艺术史家，文艺复兴艺术的权威专家。

那么你将做出更有效的决策。为什么？因为今天做出的决定只能影响你的未来，当前的任何决定都无法纠正过去。

我们很多人在做决定时受到沉没成本的影响。举例来说，你认识在餐馆绝不会剩菜的朋友吗？我有一个朋友，在外面吃饭时，她总是强迫自己吃完自己点的所有菜，尽管她已经很饱了。事实上，由于那些菜已经付了钱，吃完或者不吃完，跟她关系不大。你有朋友经常告诉你他们不满意目前的恋人吗？如果你问他们为什么不分手，他们可能会这样回答你："我们已经在一起很久了，分了可惜。"你是否曾经坐在影院看完一部自己讨厌的电影，就因为已经付了8美元的电影票？在一项经典的研究中，研究人员让测试对象想象自己是一家生产军用防御飞机的公司的负责人。这家公司已投资了1000万美元研究一款无法被常规雷达发现的飞机。然而，当研制到90%的阶段时，一家竞争公司开始销售一款无法被雷达发现的飞机，而且这款飞机比起自己公司正在研制的飞机速度更快、成本更低。研究人员问作为公司负责人的测试对象，是否要继续投入剩下10%的研究经费来完成这个项目。然后，第二组测试对象也被问了这个问题，但并没有提之前公司已经投入的经费。结果显示，第一组测试对象中85%的人表示他们会完成这个项目，然而第二组中只有17%的人说他们会投资更多的钱。很显然，之前1000万美元的开支影响了第一组测试者关于是否放弃这一项目的决定。

一项对NBA篮球运动员出场时间的研究发现，篮球队的教练也受沉没成本的影响。在这项研究中，沉没成本指的是在高校进行的年度选秀排序。虽然你可能认为，理性的教练会让发挥最好的球员上场并一直让他们比赛，但选秀排序不合理地影响了这一决定。教练会给最受关注的选秀球员更多的上场时间，并让他们一直比赛，即使他们在球场上表现平平，甚至带有伤病。

这些例子的共同点就是考虑了沉没成本。在需要忽略之前投入的时间、金钱或是努力时，我们为什么会如此不理智呢？为什么我们更注重过去，而不是未来？因为忽略沉没成本会让我们看起来优柔寡断、不一致而且过于浪费。我们要挽回面子，不想承认——特别是在公共场合——先前的决定是错误的。"我已投入太多，不能现在退出"，是我们很多人频繁使用的句子。另外，我们也想表现出一致，因为一致性是理性的一个关键因素。很多发达社会都看重一致性和持续性，因此为了给别人展现出自己好的一面，我们就"坚持到底"。最后，还因为我们很多人希望避免出现浪费，在大多数圈子里，浪费被视为一种不良的品质。

> 今天做的决定只影响未来，而不是过去。
> 所以做决定时，不要注重过去的亏损和成本。

那么，认识到沉没成本后，怎样才能做出更好的决定呢？首先，要认识到今天做的决定只影响未来，而不是过去。所以做决定时，不要注重过去的亏损和成本。也就是说，要忽略沉没成本。在一段持续很久的恋爱关系中，可以问问自己：如果今天是第一次跟这个人约会，我下次还希望再见到他吗？

其次，要勇于承认错误。如果你不想承认错误，就问问自己：为什么承认一个之前犯的错误会困扰我呢？承认错误是为了知道什么时候应该适可而止。你要能区分坚持走下去的这条路是正确的还是一条歧途。

第三，一致性并不总是美好的品质，灵活性也可以是一种资产。如果你能客观地证明坚持下去是一种错误，那么完全可以与以前不一致。过去的决定是在过去特定的条件下做出的，它可能已经不再适应现在发生了改变的情形。以前的决定并不一定是错误的，只不过做出这一决定的先决条件已经发生变化。

决策技巧

- 忽略沉没成本。
- 承认错误没关系。
- 你并不需要总是保持一致。

案例 1

小明花了五十元去吃自助餐,饱了还继续吃,直到撑得难受才罢休。因为这样他才觉得"五十块钱没白花"。

这五十块钱就是沉没成本。小明吃得很难受,这很明显他的行为给他带来了负效用(因为食物的边际效用递减)。但是小明觉得"钱没白花",撑也值得。其实我们花钱,本质上希望得到的是"满足"。如果因为追求"量"而降低了满足感,就得不偿失了。

案例 2

小刘去超市购物,站在一列队伍后准备结账。过了一会儿,小刘发现这列的收银员工作效率极低,而且排在前面的人所购商品很多。想到"已经排了这么久,现在转移,前面等的时间不就白白浪费了?何况已经前进了一段距离……",他还是选择继续排在此列。

之前排队等待的时间就是沉没成本。小刘不愿意转换队伍,因为他不想让之前付出的时间成本白白损失,前面花费的时间给他带来的一点小收益都会被他不经意地放大。但是,他对自己的坚持不一定满意,反而会在等待中持续焦躁。这种等待的时间越长,他越不甘心放弃。小刘之所以没有选择转移,一是因为他不愿意面对"最初选择失误"这一事实,并试图通过继续投入来捞回成本;其次是高估了已投入的成本对最终结果的作用,但却忽略了转换队伍会增加收益的事实。

案例 3

　　沉没成本在股市里最常见的应用就是补仓。很多人买股票不会一上来就倾其所有，而是先小仓位买入，发现被套住以后，就开始连续补仓，越补越大，最后把所有的钱都贴了进去。更糟糕的是，有些人因为急红了眼，还从其他渠道把钱转过来补仓，而这一切的根源都是最开始那一小部分被套住的仓位。

　　每一笔交易都是彼此独立的，你买入股票只能有一个原因：看好它未来能涨，而不是前面有被套的仓位想要降低整体成本。这样一来会像葫芦娃里演的一样，二娃去救大娃，三娃去救大娃二娃，四娃去救大娃、二娃、三娃，最后全部被蛇精拿下。

　　（案例提供：拆书帮南昌滕王阁分舵，阿波罗）

第 25 章　有限搜索错误：不要缩减你的选择范围

> 一切都应该尽可能地简单，但是不要太简单。
>
> ——A. 爱因斯坦

托德·卢奇 2004 年从伊利诺伊大学毕业。他主修心理学，毕业后想继续读研究生，最终做一名心理咨询师。不过，他的爸爸鼓励他回到家乡芝加哥，继承家族的餐厅业务。托德的爸爸和叔叔在伊利诺伊州北部拥有并运营了 6 家麦当劳特许经营店。

毕业后，托德收拾行李回到芝加哥。他加入了家族企业，买了房子，结了婚，现在有两个年幼的孩子。托德近日回想起他十年前做出的那个决定：

"我想这几乎不算是一个决定。我爸爸说让我加入家族企业，这看起来是一件很容易的事。我知道我肯定能进公司。从 15 岁开始，在周末和暑假我都会帮我爸爸干活。我选择了已知的，而不是未知的。

"现在，回头看，我本来可以做点什么。我本来可以读研究生。我敢肯定，我可以得到奖学金和助学贷款来支付学习和生活费用。我本来可以获得心理辅导证书，成为一名心理咨询师。我知道我会很在行。我常常在想如果没有那么快就接受爸爸的提议，我的生活可能会更加充实。但是接受爸爸的提议很容易，我根本没有想过其他的方案。"

在大学毕业后加入家族企业是一个改变生活的重大决定。不幸的是，托德并没有多花时间和心思好好考虑。他并没有好好遵循我们在第 2 章中所描述的理性决策过程。相反，他选择限制自己的搜索范围。

证据表明，面对复杂的决定时，我们倾向于限制自己的搜索范围来尽量简化流程。我们大多数人在回应复杂问题时，都会把问题简化到一个容易理解的程度。这样做是因为我们无法消化和理解优化决策所需要的所有信息。我们没有理性决策过程所需要的充足的时间、知识和其他资源。因此，正如第 3 章中说的那样，我们会选择满足最低要求的行动方案。

> 在面对复杂的问题时，我们会构建一个简化的模型，提取问题的本质特征，忽略问题的其他特性。

这个过程被称为有限理性。在面对复杂的问题时，我们会构建一个简化的模型，提取问题的本质特征，忽略问题的其他特性。

那么对普通人来说，有限理性是如何发挥作用的呢？一个问题被识别后，搜索标准和备选方案的过程就开始了，但标准的列表可能永远无法穷尽。决策者会列出一个有限的清单，清单上是较为明显的备选方案。这些方案都很容易找到，而且往往非常明显。在大多数情况下，这些选择代表了你熟悉的标准，以及"以前尝试过并可行"的解决方案。一个有限的备选方案清单生成后，决策者就会审查它们。然而，这个审查是不全面的，因为并不是所有的备选方案都会被仔细评估。相反，决策者一开始审查的是那些与目前可行的决策相差不大的备选方案。沿着熟悉、陈旧的路径，决策者会继续审查备选方案，直到他（或她）找到一个好的方案——一个可以接受的方案。满足标准的第一个可接受方案找到后，搜索就结束了。所以，最终的解决方案是一个满足要求的选项，而不是最佳的。

有限理性的一个有趣的特征是，备选方案的顺序是至关重要的。在完全理性的决策过程中，所有的选择最终会按优先顺序列出。因为所有的备选方案都会被考虑，所以这些备选方案的初始排列顺序是无关紧要的。也就是说，每一个潜在的解决方案都得到了充分和完整的评估。但是，有限理性并不是这样。如果一个问题存在多个可能的解决方案，满足要求的选择将是决策者第一个遇到的可以接受的方案。然而由于决策者使用一个简单有限的搜索程序，他们通常会先审查那些显而易见的解决方案、熟悉的方案以及那些与现状接近的方案。与现状最接近又满足决策标准的解决方案最有可能被选中。一个独具创意的方案可能是解决这个问题的优化方案，但它不太可能被选中，因为在决策者搜寻与现状相差较大的方案前，一个可接受的解决方案就已经出现了。

根据有限理性，我们可以做出几个预测。我们通过降低标准和减少方案的数量来简化复杂的决策过程，一旦找到一个满足标准的方案，我们会尽快终止决策过程。此外，我们不太可能研究与现状有差别的方案，这是因为我们会按照顺序看待解决方案。首先我们从那些与现状最接近的方案开始，在拿出真正的创新性方案前，我们可能就已经找到一个令人满意的选择了。

关于有限搜索的另一个观点是，在决策过程早期，我们很多人会大肆削减纳入考量的方案数目。我们不太会开发出一个详尽的方案清单并投入精力评估每一个方案，而是早早地把方案数量削减到可控的范围内——往往是一个到两个。这么做的时候，我们会问自己这个方案是否满足以下三个条件：它与我的基本原则或价值观相符吗？它与我的目标相符吗？它与我实现这些目标的计划相符吗？如果一个解决方案无法满足这三个条件中的一个，我们就会将它排除。用这样的方式来搜寻符合标准的方案，也证明了决策很少能达到理性程序所要求的全面。归纳说来，有限搜索经常会把可行的决策方案的数量减少到一个或两个；这种削减在决策程序一开始就出现了，不是之后才出现的。我们还会使用是否与价值观、目标和计划相符这三个条件来减少方案的数量。

我们都容易出现有限搜索的错误。然而，这并不意味着我们无法采取措施尽可能减少它的影响。这种努力可以从保持开放的心态开始。不要过早地判断解决方案。要了解我们简化程序、加速搜索解决方案的倾向，特别是在处理复杂问题的时候。花点时间来扩大你的选择范围。即使一个方案看起来明显很完美，你也要抵抗立即选择它并结束选择程序的倾向。继续搜索，增加你的备选方案。最后，在搜索备选方案时要有创新意识。除了显而易见的方案，看看超出常规、奇怪陌生、标新立异、以前未曾尝试过的方案。开发的方案越多、越多样化，你找到优秀方案的概率就越大。

决策技巧

- 不要过早地判断备选方案。
- 扩大你的选择范围。
- 看看超出常规、不显而易见的方案。

案例

　　我当年买车的时候，就经历了书中所说的"痛苦的选择过程"。由于本地厂商的维修有保障，价格也更会便宜，我首先考虑的是上海本地的汽车生产厂商，一下就缩小了选择范围。上海的汽车生产厂商就只有上海通用和上海大众两家，考虑到美国车耗油，而且车子太大停车不方便，就只能选择大众了。大众郎逸、途安和途观这三款车，价格分别为10万出头、17万和20万以上。20万以上的途安超出了预算，再砍掉最低端的郎逸，于是我直接选择了途安。其实17~20万价位，在全国范围内挑选还有众多选项。如果当时能够在更大范围内选择，而不是一开始就只锁定这两家厂商，我可能会买到更满意的车。

　　　　　　　　　（案例提供：拆书帮上海申活分舵，孟钢）

第 26 章　情感卷入错误：当时忍住就好了

> 不要因为一时心烦意乱就做出永久性的愚蠢行为。
>
> ——佚名

上周，雷·戴维斯的那辆丰田凯美瑞汽车的里程表达到了 120000 英里（约 19 万公里）。雷知道他应该买一辆新车了。维修费用早晚会使他不堪重负——这事他肯定想避免。

这一次，雷决定买一辆比凯美瑞更好的车。他看上了全新的宝马 428i——一辆红色敞篷车。他在一个车展上看到过，可以说是一见钟情。买车的前两个晚上，雷上网做了一些研究。他阅读了关于这款车的评论，查看了专业公司对它的评分。看完后，他感觉很喜欢。他还发现了一个网站，上面列出了汽车的零售价格、经销商的经营成本以及他应该支付的价格。心里有了价格信息后，他就去了当地宝马的授权经销店。在店里，他看到了四辆 428i 敞篷车——两白、一黑、一红。每辆车都有相同的配备，挡风玻璃上都贴了 57325 美元的零售标签。

雷计算了一下，经销商每辆敞篷车的购入价格为53275美元。根据他的研究，他估计自己应该能够以超过经销商购入价700美元也就是低于标价3350美元的价格买入。讨价还价一个多小时后，雷买下了这辆新的红色敞篷车。但他支付了56500美元，仅仅比标价低了825美元。

今天上午，雷·戴维斯镇定和冷静下来后意识到这辆车买贵了，因为他让情绪影响了自己的判断。他想买红色的敞篷车，一走进经销店，他对这辆车的喜爱之情就显现出来了。与此同时，汽车销售员也利用了雷的情感——他不停地渲染拥有敞篷车的兴奋之情，驾驶一辆红色轿车的乐趣和拥有宝马的喜悦之感。经过试驾之后，雷就越发受到销售员的影响了。回想起来，雷意识到，由于被自己的情感冲昏头脑，他可能多付了近2500美元。

情绪会对决策产生巨大的影响。它们不仅可以影响决策的进程，也会影响决策的最终结果（雷·戴维斯的情况就是如此）。我们都是人，我们都有感情。正如你在本章中看到的那样，我们面临的挑战是如何管理我们的情绪，把损失降到最低。

我们大多数人时常经历的情绪包括快乐、惊讶、希望、恐惧、焦虑、悲伤、绝望、愤怒和厌恶。每个人都会变得情绪化。然而有些人会让自己的情绪影响他们的决定，尤其是当他们过于激动或处于压力之下时。花一点时间回到第10章"你能控制自己的情绪吗？"去看看你的测试成绩。记住，低分表明你难以控制自己的情绪。分数越低，你越需要努力控制情绪的消极方面。

理性的决策过程应该是没有情感卷入的,我们需要做出的许多决定要求我们搁置自己的情绪。但很多人都做不到这一点。例如,一些浪漫的决策——坠入爱河、结婚,为心爱的人买一份特殊的礼物——都无法不卷入感情因素。有些决策你日后回想起来会觉得当时由情感驱动的决定是正确的,例如在发生争执时辞去一份令人受挫的工作,购买一件你爱上的艺术品,或者由于大量欠款无奈销毁自己的信用卡。但是我们现在要讨论的是,情绪显然会破坏理性,并导致不愉快的结果。负面情绪会限制我们的注意力、加快决策进程并导致冲动行为。这最终会导致做出决定后的遗憾。我们大多数人都经历过这样的情况:一时头脑发热就做出了草率的决定,后来又后悔了。

> 负面情绪会限制我们的注意力、加快决策进程并导致冲动行为。这最终会导致做出决定后的遗憾。

一个与情绪相关的担忧就是为了短期而牺牲长远。这就是所谓的情感级联。我们根据当时的心情做出了一个考虑不周的决定,然后发现它创建了一个持久的模式。所以当你情绪满满想要对心爱的人说些什么或者买些你无法负担得起的东西的时候,在想到它的直接影响的同时,也想想它的长期影响。话说出来是收不回去的,事情做完了也无法撤销。

证据表明，当情绪使我们偏离了长期目标的时候，以及在压力下或是过于激动的时候，理性最有可能被削弱。

当我们艰难而紧张地在重要目标之间做出抉择时，负面情绪——如愤怒、沮丧、怨恨和报复——往往就会浮出水面。举例来说，事业和家庭之间的矛盾，保持舒适生活和精打细算之间的矛盾，或是违反法律和尊重法律之间的矛盾，都可能是负面情绪的来源。如果一名醉酒的司机撞死了一个无辜的孩子后，没有坐牢就无罪释放，孩子的父母可能需要极力控制自己的情绪避免采取报复措施。

近年来，很多投资者让冲动情绪遮蔽了自己的理性思维。由于一时非理性的冲动，他们在2007年和2008年买入了价格虚高的股票。然后，当市场衰落，出于恐惧和沮丧，他们又卖掉了一切。虽然没有人能够准确预测股市的未来，但有一件事是肯定的：用退休积蓄来做重要的投资，你的决定不应该建立于冲动的情绪波动之上。

情绪管理的第一步是认识到情绪会影响决定，是正面影响还是负面影响则取决于决策的类型、重要性、兴奋水平和认识水平。如果你在第10章中的测试中得分比较低，尤其应该警觉，不要让情绪控制你的选择。第二，你在做重大决定时，如果压力过大或过于激动，就要推迟做出决定的时间。大多数决定推迟一到两天做出并不会产生巨大的影响。第三，如果你不能推迟决定，那么向他人征询建议。跟没有情感卷入的朋友或亲戚一起讨论这个决定。第四，花点时间扩大你的选择范围。如果你能评估和权衡多种备选方案，就不太可能做出冲动的选择。最后，要一直专注于你的长期目标。在做决定时，如果你无法排除情绪的干扰，就要确保它与你的长期计划相符。这样的话，你就不太可能做出一个以后会后悔的决定。

决策技巧

- 认识到情绪会影响你的决定。
- 做重大决定时，如果压力过大或者过于激动，就要推迟做决定的时间。
- 向没有情感卷入的人征询建议。
- 扩大你的选择范围。
- 专注于你的长期目标。

案例一

2006年德国世界杯决赛，是法国与意大利两支传统强队的较量。法国队的齐达内开场就利用点球帮助法国队取得领先，马特拉齐随后为意大利队扳平比分。当比赛进行到109分钟时，马特拉齐后场盯防齐达内，两人似乎发生口角，齐达内丧失冷静，突然头部顶在马特拉齐胸口上。意大利后卫应声倒地，法国队长则被直接罚出场外,他走过金杯进入休息室的背影成了这届世界杯令人动容的时刻。最终,法国队在点球大战中不敌意大利,遗憾地与大力神杯擦肩而过。在齐达内下场前,法国队一直处于进攻态势,但是齐达内的不冷静行为,使得占有优势的法国队最终输掉了比赛。多年以后,齐达内表示,如果当时在场上理智些,世界杯的冠军也许就是法国队了。

案例二

公司开展新员工培训项目,小李是负责人。项目采取集训形式,要求每天早晨6点出早操,晚上还有拓展活动,非常辛苦且占用周末时间。项目结束后,小李申请调休未果,于是一怒之下提出辞职。很明显,小李被情绪冲昏了头脑,既没有长远的职业规划,也没有考虑辞职对生活的影响。如果小李能意识到情绪的干扰作用,就可以使用书中的5个步骤,将感性决策转变为理性决策。

"我实在是太生气了,这样无法做出正确的决定。"

"想想自己也是累了好几天了,先回家好好睡一觉吧,等体力和脑力都恢复了再做打算。"

第二天中午,休息好之后,他想:

"昨天的事情,是不是还有更好的解决方式呢?"

"首先,公司宣布取消调休制度时,新员工培训项目还没有启动。我可以先尝试申请特批,即便不能特批,也要综合考量后再做决断。"

"除了不允许调休,公司的其他待遇还是不错的。工作内容是我喜欢的,我也能从中学到东西。所以,赶紧上班找领导问问才是正确的选择。"

(案例提供:拆书帮北京城市之光分舵,嘟嘟)

第 27 章　自利性偏差：错的都是别人

> 做错事情时，一个人还能笑得出来是因为他觉得可以怪罪别人。
>
> ——佚名

1999 年 5 月，玛丽亚·沃克的丈夫因脑肿瘤死亡，他给玛丽亚留下了一套房子和约 35 万美元的积蓄。当时年仅 33 岁的玛丽亚知道在未来的岁月里她需要用这笔钱来维持自己的生活。因为不知道该如何投资，她把钱交给布里翁·兰德尔——一个在美林证券工作的经纪人，同时也是她已故丈夫认识很久的朋友。作为朋友，玛丽亚信任布里翁的投资眼光。

首先，布里翁用玛丽亚的财产投资沃尔玛和 IBM 之类的绩优股。1999 年底，高科技股票的价格暴涨后，他劝玛丽亚抛弃保守股，在投资上更为激进。玛丽亚同意了他的做法。2000 年 8 月，玛丽亚的账户里全是科技股，而她投资组合的价值也在不停地增长。在不到一年的时间里，最初的 35 万美元投资已经增长到超过 50 万美元。玛丽亚享受着财富增长带来的好处。其中一只股票每个月的平均收入就超过 4000 美元。"你太棒了！"她不停地赞扬兰德尔先生。

你大概可以想象这个故事将如何发展下去。2001 年，科技股泡沫破灭。然而，布里翁·兰德尔继续鼓吹科技股的盈利潜力，但这些股票的价格不断下跌。2002 年 1 月，玛丽亚投资组合的价格已经下降到不足 76000 美元。

玛丽亚彻底崩溃了。她这么相信兰德尔先生。现在她不得不面对一个残酷的现实——她继承的大部分财产都不见了。在资产增值时，玛丽亚称赞自己把钱交给兰德尔先生的决策是正确的，然而现在他成了一个不受欢迎的人。她认为兰德尔先生应该为她的损失负责。另一方面，兰德尔先生拒绝接受玛利亚的指责。他责怪美林证券的不良建议以及玛丽亚的贪婪。

玛丽亚的投资经验并不是个案。1996 年至 2000 年间，科技股增长节节升高，投资者就开始吹嘘他们的专业知识，并通过这种投资来赚钱。但是，当市场崩盘，科技股最终下跌超过 75%，大部分投资者会责怪别人——他们的经纪人、不停炒作科技股的投资分析师、"捏造"自己公司账本的主管人员，甚至是降息速度不够快的美联储。

这个股市的例子说明了人类的一个众所周知的倾向——自利性偏差。我们很容易把成功归功于内部因素，把失败归咎于外部因素。

> 我们很容易把成功归功于内部因素,把失败归咎于外部因素。

大量证据表明我们把成功归为内部因素,如能力或努力;而把失败归于外部因素,如坏运气或概率事件。然而,我们评判他人时却不会这么客气。看待别人的决定时,我们往往会低估外部因素或外部原因,高估内部因素或个人因素。因此,我在股市赔了钱,就只是运气不好或别人给了糟糕的建议。而你在股市赔了钱,我认为是因为你做出了一些错误的决定!

归因可以帮助我们更好地了解自己和他人如何解释自己的决定。它们告诉我们,应该警惕自己的倾向——认为他人应该对他们自己的缺点完全负责,而对自己更宽容。数百万的人嗜好喝酒。当一组酗酒者被要求解释自己和他人在戒酒之后再次酗酒的原因时,他们想出了完全不同的解释。别人再次酗酒是由于内部原因造成的,比如缺少纪律和意志力。而自己再次酗酒,更有可能是外部因素造成的,如很多朋友在自己面前喝酒等。

我们不会客观评估自己的决策结果。我们是否愿意为自己的决定承担责任要看结果是积极的还是消极的,以及我们是在评判自己还是他人。所以要警惕,把事情搞砸后,你会倾向于把责任推给其他人或事;成功时,你却愿意接受这种功劳。这两种反应会让你陷入困境。不管你的决策能力多高,毕竟人无完人。超出我们控制范围的因素可能会导致意外的负面结果。我们需要小心，不应该过多地为自己的成绩邀功。

此外，因为我们并不擅长评估决策结果的成因，所以要经常吸取以往的经验和教训。我们变得过于自信，在获得一连串成功的时候，我们会认为自己拥有更强大的控制权，但事实可能并不如此。对于那些最终结果与想象不同的决定，我们可能不愿意承担责任。

我们如何掌控自利性偏差呢？首先，我们要意识到这一倾向。注意不要过于自大地认为从过去的成功就能推断出未来的成功，或者是在自己遇到挫折时责怪别人。你可能并没有你想象的那样聪明和幸运。第二，练习挑战自己固有的倾向。例如当事情进展顺利的时候，问问自己：是什么偶然因素助成的？当事情进展不顺利时，问问自己：我自己做了什么会导致这样的结果？

决策技巧

- 注意自利性偏差。
- 挑战错误归因的固有倾向。

案例

自利性偏差还有另一个更著名的名称——"基本归因错误"。我们习惯于认为自己是对的,有错的是其他人。如果犯了错,我们总说是外部原因导致的。如果你迟到了,原因不是地铁坏了,就是天气不好。如果同事迟到了,你肯定觉得这个人不守时,迟到一定是他个人的原因。

去年我在上海主办了拆书帮第三届年会,共有约200人参会。大会闭幕的前一天,主持人邀请我上台接受采访:"此时你的感受是什么?"当时我已经连续两三个晚上只睡3~4个小时了,非常疲惫。看着台下一双双眼睛,我特别想把所有的功劳都揽在自己身上。我心里非常清楚,我为大会大小事务耗尽了心力,从主题到场地、从报名到付费、从议程到内容、从物料到茶歇,所有的一切像电影一般快速闪过我的脑海。要我放下这些付出,确实很难。但我深知,所有这些都是在无数伙伴的支持下才得以实现的,没有伙伴们的支持,凭我一己之力根本无法成功举办200人的年会。

放下自己,放下自己所有的虚荣心,尊重每一位伙伴的付出,才不会陷入自利性偏差的陷阱。

(案例提供:拆书帮上海申活分舵,孟钢)

第 28 章　适应性偏差：成功的喜悦和失败的痛苦都是短暂的

> 成功的喜悦和失败的痛苦都是短暂的，
> 认为钱能买到幸福的人，其实都不太有钱。
>
> ——D. 格芬[①]

我的一个朋友曾经一直谈论要买一块百达翡丽的手表。每当我们路过一家高档珠宝店，他都会走进去看看那里的百达翡丽手表。所以如果他花 22000 美元买一块这样的表，我想我并不会感到惊讶。他的公司已经上市了，而且他的股票现在已经价值数百万美元。他告诉我："我心愿单上的第一件事就是去买我梦寐以求的手表。"

几个星期前，我碰到了这位朋友。他的"梦想手表"买了已经将近两个月了。当我问他喜不喜欢它时，他说："斯蒂芬，

[①] 大卫·格芬，美国商业巨头、电影制片人、唱片制作人和慈善家，梦工厂电影公司的三位创始人之一。

这就是一块手表而已。它戴在我的手腕上，告诉我时间。我曾经想象它可以改变我的生活。而事实上，那些年我幻想戴上这块表的乐趣比我现在真真正正拥有它的乐趣多得多。"

我的这位朋友受到了适应性偏差的影响。这意味着对于新事物无论多么热衷或兴奋，我们的新鲜感都会随时间的推移而减退。新东西带给我们的喜悦不管是什么都很难维持很久。同样地，挫折后的失落感也不会持续很长时间。不幸的是，决策者往往会忽视这一倾向，所以我们的预测经常不太准。错过升职机会后的失落，以及遇到厮守一生的爱人时的愉悦，我们觉得它们会持续很久，事实上可能并非如此。

认识适应性偏差的一个最好的例子是彩票中奖者的反应。一般人认为，赢得了数百万美元的彩票大奖将永久改变他或她的生活。但研究表明，事实常常并非如此。一个著名的案例比较研究了伊利诺伊州22名彩票中奖者和22名非中奖者的幸福指数。正如预期的那样，在彩票中奖后，中奖者的总体幸福指数飙升，但几个月之后就回到了获奖前的水平。换句话说，很短的一段时间后，彩票中奖者的幸福指数与未中奖者没有太大的区别。事实上，甚至有一些彩票中奖者的"好运气"最终使他们陷入了凄惨的境地。

适应性偏差告诉我们，从长远来看，我们的幸福感趋于回归到正常状态。我们每个人都有一个基本的幸福标杆。愉快和不愉快经历的影响都会随着时间的推移而消散，然后回归到原来的基准水平。"胜利的快感"是短暂的,"失败的痛苦"同样如此。所以当幸福发生后,我们并不会如想象中那样一生快乐,对于痛苦也是如此。

> "胜利的快感"是短暂的,"失败的痛苦"同样如此。

适应性偏差为如何最大限度地从决定中汲取乐趣,并尽量减少失望提供了宝贵的见解。你要认识到新奇感会消退。不管你当时是怎么想的,你对好结果和坏结果的反应都不会持续很长时间。这给我们带来了四点建议。首先,你可以通过专注于新鲜的和暂时的乐趣来增加你的幸福感。选择四个三天的假期而不是一个两周的假期。尝试新的餐厅、新的度假胜地以及新的娱乐设施。第二,慢慢享受乐趣。如果一样东西令人愉快,那就慢慢享受它来延长你的快乐感。我喜欢写作,所以如果一本书可以用四五个月的时间来完成的话,我会特意延长到一年。三是加快完成不愉快的任务或活动。与直觉相反的是,拖慢一些不愉快的事情并不会减少不愉快。你可以通过快速撕掉创可贴而不是慢慢撕掉它来增加你的幸福感。如果你发现改造厨房让你感到很麻烦的话,挤出时间,赶紧做出决定,好让你专注于其他愉快的事情。最后,享受一段愉快的经历时,你是不是会避免休息;面对一个不愉快的任务时,你又会增加休息的时间呢?我们很多人都会这么做。可能与你想象的不同，研究表明如果中断一个你正在享受的愉快经历，反而可以增加幸福感。同样地，中断不愉快的经历反而会使你更加不悦。所以你可以通过中断愉快体验来延展幸福感。

决策技巧

- 认识到新奇感会消退。
- 不断地尝试新鲜的和暂时的乐趣。
- 慢慢享受令你愉快的活动。
- 加快完成不愉快的活动。
- 中断一个愉快的经历能令你更快乐。

> **案例**
>
> 2017年4月，拆书学院启动了一个线上培训项目叫"知识体系精深营"，旨在帮助学习者构建知识体系，它分为三大块：沟通力、逻辑力、关系力。拆书学院请我做沟通力课程的主讲，职位是沟通力教练。
>
> 在这之前，拆书学院没有做过类似的培训，该怎么做、做成什么样，除了拆书帮创始人赵周老师心里有一些模糊的想法外，项目负责人和几个教练心里都没有谱，备课过程中的痛苦

第28章 适应性偏差：成功的喜悦和失败的痛苦都是短暂的

可想而知。

有四周时间，我经常是晚上1点睡早上5点起，每天呕心沥血写教案逐字稿，有的稿子修改了七八遍，完稿后又一遍遍地试讲，得到听课者的反馈之后，再接着改稿和试讲。

课程期间，我伸长脖子盼着课程结束，畅想之后的幸福生活。5月下旬课程终于结束了，我开心了一两天，之后生活就趋于平淡，幸福指数并未提升多少，又有的新的事情等着我去烦恼。

（案例提供：拆书帮武汉珞珈分舵，May）

第29章　后视偏差：人人都是事后诸葛亮

事后聪明是一种精确的科学。

——G. 贝拉米[①]

达伦和珍妮第一次去法国。在巴黎度过一星期后，他们租了一辆车，开始了为期五天的卢瓦尔河谷游。达伦同意只要珍妮导航他就开车。带上几张地图和英法词典后，珍妮开始策划路线。但是，离开巴黎不到一个小时，夫妻俩就找不到去第一站蒙特里夏尔的道路。他们在一个休息站停下车，一起研究地图。但是并没有取得太大的成功。珍妮认为他们应该走 N20 公路，达伦却不这么认为。"这些地图标得不清楚，"达伦说，"我不知道。也许我们走标着 N152 的道路会更好。"不过，珍妮坚持要走 N20 公路。达伦最终默许，他们采取了珍妮的建议。一个半小时后，他们终于到了蒙特里夏尔。他们在酒店入住的时候，达伦告诉酒

[①] 盖伊·贝拉米，美国当代幽默小说家。

店员工他们中途迷路了,然后沿着 N20 公路开了很久才到。酒店员工随后解释说,如果走 N152 公路,只要一半时间就能到。达伦随后对着珍妮感叹道:"我就知道!我告诉过你,N152 公路才是正确的路,但你就是不听我的。"珍妮摇摇头,小声嘀咕道:"是啊,达伦,现在你肯定了。但几个小时前你可不是这么肯定的!"

达伦刚刚表现出了后视偏差。这种倾向让我们在得知事件的结果后,错误地认为我们在事前准确预测了事件的结果。当事情发生,我们有了对结果的准确反馈后,似乎很善于总结性地认为这样的结果是显而易见的。对于大范围的活动更是如此。举例来说,更多的人似乎在超级碗①结束之后更加肯定比赛的结果,而不是在比赛前一天。

> 当事情发生,我们有了对结果的准确反馈后,似乎很善于总结性地认为出现这样的结果是显而易见的。

如何解释事后聪明的倾向呢?在发现事件的最终结果之前,我们显然不擅长回顾不确定事件发生的方式。另一方面,用后来知道的事实来重建过去的情景,我们似乎相当在行。所以后视偏

---

① 美国职业橄榄球大联盟的年度冠军赛。

差似乎是选择性记忆和重构先前预测的能力共同作用的结果。

一个有关克林顿弹劾审判的实验可以解释后视偏差是如何运作的。34名学生被要求在以下4个时间点估计克林顿会被判定为有罪还是无罪：（1）判决前22天；（2）判决前3天；（3）判决后4天；（4）判决后11天。对这4个时间点上学生的反应进行比较后会发现，学生的估计随着时间的变化而改变。判决后4天，学生正确地回忆说，他们对克林顿被定罪可能性的估计随着时间的推移而变得更为准确。然而，一个星期后，他们错误地认为，自己一直都坚信克林顿不会被定罪。换句话说，学生们改变了早先的估计，使其能够更准确地匹配最终结果。

后视偏差会削弱我们向过去学习的能力。它让我们认为自己很善于预测，还会让我们过度确信未来决策的准确度，而事情可能并非如此。例如，如果你的实际预测准确度只有40%，但是你却认为是90%，那你很可能会犯过度自信的错误，从而降低质疑自己预测能力的警惕度。

如前面一些章节中所指出的那样，如果能够认识这些错误和偏见，通常就可以显著地减少它们。不幸的是，这似乎对后视偏差不起作用。我们的选择性记忆和重塑过去的能力实在是太强大了。那么，有没有什么可以做的呢？答案是肯定的。减少后视偏差的最有效办法就是让自己考虑使某一特定事件产生不同结果的其他原因。举例来说，如果你曾预测克林顿会被无罪释放，那么尝试思考一下他会因为什么而被定罪。通过审查不同的结果来不断挑战自己，你能减少后视偏差的倾向。请记住，只看到事件为什么会出现目前的结果，往往就会高估这一结果的必然性，并大大地破坏从错误中学习的机会。

决策技巧

- 仅仅认识到后视偏差不足以减轻这一偏见的影响。
- 让自己考虑使某一特定事件产生不同结果的其他原因。

> **案例**
>
> 我当初毕业找工作时，有多个行业可以选择：IT业、互联网、房地产、银行业、制造业等。去年，我所在的银行终于在A股上市，我也获得了不菲的股票红利。初看之下，我会认为自己当初的选择非常正确。仔细一想，如果当初选择了房地产行业，我在2000至2005年就会获得第一桶金了。
>
> 一个人的收入增长与行业的发展阶段有关。在行业发展速度最快的阶段进入，才会获得丰厚的利润。此外，还要考虑到收益和风险的关系，比如房地产行业红利期已过，银行业的收益率偏低，但稳定性很高。下一次做行业选择，我们就要把个人偏好、风险和收益综合考量。
>
> （案例提供：拆书帮上海申活分舵，孟钢）

》》》第四部分

高效决策的 12 条建议

- 没有目标就没有有效决策
- 有时,什么都不做是最好的选择
- 选择不做决定也是一种决定
- 当下的决定将严重限制未来的决定
- 人生很长,可关键的决定就那么几个
- 高效的决策者知道适可而止
- 给自己的选项,不要超过六个
- 纠结于过去的决定只会浪费你的时间
- 成功人士懂得冒险
- 是人就会犯错
- 经验可以改进策略,但是……
- 你所属的文化决定了你的决策风格

第30章　没有目标就没有有效决策

> 如果你不知道要去哪里，每条路都将是死胡同。
>
> ——H. 基辛格

迪伊·摩尔对自己新发现的决策技巧颇为自豪，她的丈夫也一样。例如，在餐厅的时候，迪伊不会再花15分钟以上的时间来考虑自己要吃什么，以前这会让跟她一起吃饭的人抓狂。迪伊认为她能够更快做出新决定是因为她能够专注于目标。"我知道这听起来很愚蠢，"迪伊说，"但我意识到我的问题是在走进餐厅之前没有想好要吃什么。所以，我觉得我必须认真查看菜单上所有的菜。"全新的、以目标为导向的迪伊这样形容她更改后的点菜方式："现在，当我去一个地方，我会提前考虑想吃什么和不想吃什么。所以，我可能会说'我不想吃牛肉或鸡肉，但我想要吃辣的'或者'我想要吃清淡的，多一点蔬菜'。这种方法可以让我快速剔除菜单上的大多数菜。"

迪伊已经认识到职业和财务顾问鼓吹了几十年的事情——要有目标！没有明确一贯的目标，就不能及时做出合理的决策。此外，一些人之所以无法做出一致的决定或者在做出决定之前要想很久，往往是因为缺乏明确的目标。无论是一个简单的决定，比如在餐厅点菜，还是一个重大的决定，如选择一个职业，无法明确目标几乎总会带来令人失望的结果。理性意味着一致性，一致则需要明确的目标。

我的一个朋友在过去十年里做过六份不同的工作。他在零售商店卖过手机，举办过培训讲座，在一所高中做过代课老师，甚至还修过相机。46岁的他拥有英语专业本科学历和美术专业硕士学位，但他显然迷失了自己。他告诉我，他不知道自己想做什么。他甚至不知道自己擅长什么。因为他没有明确的目标，所以很多工作，即使是一些勉强合格的工作，他都会去试，因此浪费了大量的时间。与此同时，他飘忽不定的职业生涯已经无法吸引潜在的雇主。在一个重视目标和一致性的社会，缺乏清晰的职业路径会阻断他的就业机会。

> 无法事先计划是有效决策的最大绊脚石。

无法事先计划是有效决策的最大绊脚石。大多数人似乎很难看到长期的后果。当涉及财务决策时，这种倾向可能是最明显的。正如第15章中所说的那样，人们发现自己很容易刷爆信用卡，因为他们无法看到立即满足自己的欲望会对未来产生的长期影响。许多人不想为退休后的生活储蓄。这样的结果是，大部分人患上了"彩票心态"。他们把未来寄托在彩票中奖、在股市大赚一笔、继承一笔财富或者赢取巨大的法律赔偿上。

我们所有人都习惯偏向于已知。在评估方案时，我们往往会更重视具体而生动的方案，忽视那些无形的、模棱两可的方案。比较一下马上吃到甜甜圈的诱惑和长期减肥的效果。这种倾向再次说明了我们为什么需要目标。没有目标，我们往往会变得目光短浅，重视那些有相对确定结果的方案，而低估那些有长期后果的方案。

为什么我们在制定和坚持目标时麻烦重重？答案是存在矛盾。在纯粹理性的决策过程中，矛盾是无关紧要的，仅需假设我们会选择能提供最高价值的方案。在现实世界中，我们往往由于矛盾很难做出决定，能提供最高价值的方案不一定是显而易见的。举例来说，我们如何权衡成本和利益、风险和价值、即时的满足和未来的不适？如果一个备选方案在每个重要的方面都优于其他方案，就不会有矛盾，决策也更为容易。但是，这样的情况很少。例如，潜在的配偶并不是完美的。你会考虑约会对象的个性、智力、外貌、兴趣、价值观、经济条件等相关标准。然后，决定哪些标准比其他标准更重要，再做出权衡。目标越清晰，化解矛盾和进行权衡也就越容易。就因为没有目标，我的朋友很难做出职业选择。如果在寻找配偶方面没有目标和重点，那么看起来谁都可以。

如果不知道自己想要完成的任务,那么做出合理的决策即便不是不可能,也会是非常困难的。所以,你需要知道自己的目标和偏好。你可以从评估自己的价值观和优先项开始。什么是重要的?考虑的时候要避免受到社会压力和社会规范的影响。尝试做自己,看看什么让你快乐。例如,即使每个人都说,成功意味着拥有一幢坐落在几亩地上的大宅,这也并不意味着它就是你对成功的定义。在市中心的一栋公寓也可能会让你幸福,因为它可以让你享受城市生活和出行的便利。当你认识到自己的价值观和优先项后,你就知道了自己的目标。一年后你希望在哪里? 10年后呢? 30年后呢? 在确定目标时,越清晰、越具体,你就越容易评估正在做的决定是否能让你实现这些目标,同样,剔除那些使你远离这些目标的选项也会更容易。最后,定期检查你的选择与目标是否一致。你不想偏离朝着目标进发的轨道,要做到这一点,你需要检查你的决定是否一直让你更接近自己的目标。

决策技巧

- 了解你的价值观和优先项。
- 认识你的目标。
- 检查你的选择是否与目标一致。

案例

在学习和成长的过程中,我逐渐明晰了目前我最核心的价值观:爱。此外,成长、和谐对我也很重要。这些价值观为我做出重大决策提供了依据。例如在钱多的工作和能帮到更多人的工作之间,我会选择后者;在研究技术和研究人之间,我会选择前者。

由此我定下的十年目标是成为一名大师级教练(MCC)。为了达成这一目标,我必须在四年内成为一名专业级教练(PCC),也就是说在2018年必须通过PCC的口试。在此期间如若遇到升职加薪的机会,我会考虑完成这些小目标是否会影响长期目标的达成。这种思考方式能让我的决策更有效率,也会让我的精力更集中。

(案例提供:拆书帮苏州阅苏分舵,张然)

第 31 章 有时，什么都不做是最好的选择

什么都不要做，站在那里！

——M.加贝尔[①]

托德和吉姆是兄弟。30岁出头的时候，他们对股票都有着强烈的兴趣。除此之外，他们的性格截然不同。哥哥托德是一个冷静镇定的人，吉姆则是一个"野小子"，个性激进且爱冒险。毫不奇怪，他们对一件被描述为"八月大屠杀"的事件的反应也毫不相同。

2011年8月8日，道琼斯股票平均价格指数下跌了634点，即5.5%。两天后，指数又下降了519点，即4.6%。股票市场就像一个自由落体，投资组合价值锐减。托德和吉姆的损失都很大。吉姆的做法是打电话给财务顾问，卖掉自己所有的股票。由于害怕出现更大的损失，吉姆做了一件每一位金融专家都认为不

[①] 马丁·加贝尔（1912—1986），美国演员，导演，制作人。

应该做的事——惊慌失措。尽管托德的损失也不少，但他认为现在还不是卖的时候。他虽然希望能预测到这次下跌，并在几个星期前就卖掉，但也认为事情既然已经这样，他就应该等到心情平静的时候再做决定。

往后推 18 个月。2011 年 8 月大幅下跌后，股市开始复苏。到 2013 年 2 月，市场反弹了 31%。托德的投资组合不仅全部收回了先前的损失，还赚了很多钱。另一方面，看着股市的反弹，吉姆多么希望他那个时候也能坐等，而不是惊慌失措。他的恐慌让他损失巨大。

有时，什么都不做是最好的决定。那么在哪些时候该这样呢？什么都不做与我们在第 14 章中所说的拖延症又有什么区别呢？首先让我们来回答第二个问题。

你还记得，拖延是一个推迟做事的普遍倾向。这是指想要做一些事情，但行动却是相反的——刻意去拖延。相反，什么都不做是一个积极的、有计划的努力，以避免发生改变。

决策理论很显然更倾向于改变，而不是惰性式的一成不变。在大多数情况下，害怕或避免改变的决策者会被看成是消极的决策者。事实上，大量证据表明，人类有一种不去改变事物的固有倾向，而这可能意味着失去机会甚至更糟的情况。如果一头鹿驻足凝视着迎面而来的车头灯，那么它的结局往往是死亡。不过，在这里我们所关心的情景是什么都不做才是首选的"行动"。

在什么时候什么都不做可能是首选策略呢？我们认为以下

四种情况可以适用。首先是当你情绪高涨时。正如我们在第26章中所说的那样,当我们的理性受到恐惧、愤怒、喜悦或一些类似的情绪影响时,我们会出现决策失误。第二是在危机时期。当一位医生建议你做手术时,去咨询另一位医生是一个回避马上决策的优良策略。第三种情况是当你缺乏信息的时候。如果没有足够的信息来判断其他方案是否更好时,坚持不变是个不错的选择,因为你其实是在用已知来替代未知。最后,如果你在做决定时感到压力很大,那么适时放下这个决策。平静的时候回过头来看,压力下做出的决定往往会产生相当多的遗憾。

> 平静的时候回过头来看,压力下做出的决定往往会产生相当多的遗憾。

最近美国退休人员协会杂志上的一篇文章写道,在面对展会上推销员推销分时度假①的时候,什么都不做是首选。这是因为在此种情况下出现了三个警示点——情感、信息缺乏以及受到压力。听了90分钟的推销后,作为回报,他们会为你提供一些免费的东西,例如免费用餐或是度假酒店的免费住宿。这些销售人员受过培训,让你"现在就采取行动",他们已经学会了如何

---

① 一种休闲度假方式,即把酒店或度假村的客房按10至40年甚至更长的期限,以会员制的方式一次性出售给客户,会员可每年到酒店或度假村住宿7天。——译者注

反驳你的保留意见。他们会玩弄你的情绪。他们希望你在合理地计算出分时度假其实是一个经常性费用支出的金钱陷阱之前，就能在虚线上签名。他们当然不希望你做功课，因为你将了解的事实是绝大多数分时度假的业主不会以接近他们购买的价格出售自己的客房。完全没有必要为了几年为期一周的休假就"投资"2万美元，在 eBay 或是 SellMyTimeshareNow.com 上相同的服务用几分之一的价格就可以得到。这就是一个典型情况，行动可能导致严重的遗憾，而什么都不做才是正确的决定。

我们的结论是要认识到，尽管社会和媒体钟爱变化，瞧不起维持现状的人，但有的时候维持现状才是首选。

决策技巧

- 选择维持现状可以是一个有效的行动。
- 情绪高涨、危机时刻、缺乏信息或者受到压力时，什么都不做可能是最好的选择。

> **案例**
>
> 几年前，我和我爱人在商场买东西。买完东西后，店家给了两张券，说可以到一楼大厅卖珠宝的地方抽奖。结果，我们抽到了两个一等奖——购买珠宝可以享受 5 折优惠。当时我们

觉得自己很幸运，情绪高涨，花了2000多元挑了两样当年流行的"金镶玉"，高高兴兴地回家了，还觉得天上掉馅饼，占了个大便宜。

过了几天，我越想觉得越不对劲：为什么那个珠宝店没什么人买东西呢？上网一查才发现这家店负面评价很多，这个亏只能吃了。要是当时不去抽奖，不买珠宝，这个当就不会上了。

当你情绪高涨、遭遇危机、缺乏信息或者受到压力的时候，什么都不做或许是最好的选择。就像我这次上当一样，中奖让我被兴奋冲昏了头脑，当时要是什么都不做，就不会有这么大的损失了。

（案例提供：拆书帮太原黄河分舵，贾俊）

第32章　选择不做决定也是一种决定

> 没有什么问题重大和复杂到无法逃避。
>
> ——C.舒尔茨[①]

"时间都去哪里了？"辛迪·汤问道，"感觉就像是我昨天才刚从学校毕业，成为一名眼睛护理中心的验光师一样。岁月流逝，旧同事辞职了又来新的。我偶尔想过寻找其他工作，但我从来没有真正这么去做。所以，就这样，我在这里度过了整个职业生涯。

"我刚刚从第25届大学校友聚会回来。大四那年的室友苏已经换了三份工作，在五六个不同的城市生活过。我的几个联谊会的姐妹已经做过十几份不同的工作，还升了职。整个经历让我怀疑，难道我做错了什么？我错过了机会吗？我害怕改变？"

如果就像在前面的章节讨论过的那样，维持现状可能是一

[①] 查尔斯·舒尔茨（1922—2000），著名漫画家，创作了史努比系列漫画。

个有效策略的话，那它还有一个推论：维持现状就是一个决定。

如果辛迪·汤有错，那错就在不作为。她从来没有意识到，决策过程不仅仅局限于涉及变化的活跃选择，什么都不做也是决定！这是一种维持现状的决定。而在汤女士的这个案例中，她不寻找其他工作，不谋求升职的决定跟她朋友积极的职业决定一样塑造了她的职业生涯。在前面的章节中，我们了解了为什么你可能什么都不想做。在本章中，我们来了解一下什么都不做的影响。

你可以通过以下两种途径中的任何一种来维持现状——主动和被动。你可以理性地评估目前的情况，确定你的选择，仔细查看这些选项的优势和劣势，并得出结论：没有新的替代方案优于你目前正在采取的方案。这种积极的方式与理性决策完全一致。然而我们这里关注的是被动的做法，你遵循当前方案的原因是没有考虑其他的选择方案。

没有经验的决策者可能会陷入无为的陷阱。对于这样的事情有几种解释。第一种是害怕改变。对于很多人来说，无论现状多么糟糕，至少它是已知的。改变会夹杂一种未知的成分，它可能会令许多人害怕。第二种可能的解释是满足现状。许多决策者并不能积极地做出决定，这是因为他们没有改变的动机。第三种就是懒惰。什么都不做的阻力是最小的。这样的人往往杂乱无章，很难愿意为了一个理性的选择而费时费力。第四种解释是没有意识到需要改变。什么都不做是因为他们从未公然考虑过追求不同的道路。

> 历史上充满了很多失败的决定,这些决定失败的根源就是消极无为。

历史上充满了很多失败的决定,这些决定失败的根源就是消极无为。例如,在20世纪30年代,美国眼睁睁地看着德国不断加强自己的战争能力。到美国决定采取行动的时候,第二次世界大战的中坚力量早就已经出现。在20世纪80年代沃尔玛快速扩张时,一些当时的主要零售商并未注意到,也未采取行动。等到他们想做些什么的时候,已经太晚了。沃尔玛已经抢走了他们的大部分客户群。一些连锁书店由于坚持原有的零售策略,没有看好互联网的作用,不在乎电子书和电子阅读器的兴起,最终被迫倒闭。与此同时,亚马逊通过更方便的在线购物网站来提供书籍,并积极推动Kindle电子阅读器来争夺客户。

适用于国家和公司的同样也适用于个人。尽管通过采取积极的行动,我们或许可以让事情变得更好,但我们更愿意坚持原来的道路。我们继续吸烟,因为我们从来没有直面戒烟。我们从来不买人寿保险,因为我们从来没有认真考虑它可能带来的好处。我们从来不做健康检查,不是因为我们故意避免去看医生,而是因为我们从来不把它当成一个要做的决定。

那么该如何应对不做决定呢?第一步是要意识到这一点。

你不能通过无视它们来避免做出决定，这样做会让这个决定一直跟着你。可能目前这条道路就是你想要走的，但是精明的决策者能够认识到维持现状跟改变一样是要付出成本的。此外，你还需要直接挑战现状。仅仅认识到什么都不做也是一种决定是不够的。偶尔你也需要证明为什么你不该追求其他的道路，而是继续目前的道路。你对目前的工作满意吗？这样的感情是你想要的吗？你有什么习惯会让你的生活不太舒适？你过去的选择是不是就是你今天会做出的决定？如果你不去面对，那么你不可能改善你的生活。为了确定这一点，你必须做出积极的决定。请记住，在理性决策过程中（见第 2 章），第一步就是识别并定义问题。所以，你需要找出现状的不足，如果不是特别明显的话，可以把它们当成一个问题来解决。有趣的是，研究表明，在短期内人们可能会后悔做决定，但从长远来看，不做决定的遗憾更多。最后，考虑不采取行动的代价时，我们通常只注重与变化相关联的风险。如果你能注意到无所作为的风险，就不太可能会陷入不做决定的状况。

决策技巧

- 什么都不做是一个维持现状的决定。
- 经常问问自己为什么不抛弃当前的道路，追求另一条途径。
- 考虑无所作为的成本。

案例

　　朋友小王的妈妈60多岁了，总是认为："体检有啥用，万一检查出病来怎么办？你看你姥姥也没体检过，现在不也活得挺好的。"

　　即使小王说出钱让妈妈去体检，她也不肯去，在体检这件事情上，小王的妈妈可以说是"不做决定"，也可以说是做出了一个"维持现状"的决定。小王的妈妈没有意识到体检的重要性，害怕体检会查出什么问题。

　　　　　　　　　（案例提供：拆书帮太原黄河分舵，贾俊）

第33章　当下的决定将严重限制未来的决定

> 一个不争的事实是，你的所有知识都是关于过去的，你的所有决定都是针对未来的。
>
> ——I. E. 威尔森

两年前，茱莉买了一只小狗。之前一段时间她一直在谈论养狗的事情，现在她终于买了一只。她的狗名叫加思，是一只金毛犬，现在体重将近100磅①，它成了茱莉的好伙伴。但慢慢地，茱莉了解到养狗也有缺点。她不得不花1200美元在她的小后院修了栅栏。因为加思喜欢嬉戏玩耍，茱莉就要定期带它去公园。每隔几个月，茱莉还要找时间帮加思做美容。加思偶尔身体不舒服时，茱莉还要带它去看兽医。此外，由于茱莉经常出差，她必须聘请保姆照看加思或把它寄养到犬舍。

茱莉的经验表明，决定不是孤立的。买加思的这个决定启

---

① 1磅 ≈ 453.59克。

动了一系列未来的决定并限制了其中的一些决定。几乎你做出的每一个决定都受到它之前决定的限制,并制约你今后的决定。也就是说,现实生活中的决定是彼此关联的。

正如在第 2 章中所描述的那样,理性的决策过程过于简化,因此无法捕捉到这种联系。理性的过程是分离的、封闭的。它假定每个孤立事件的决定都有一个明确的开始和明确的结局,但是现实并不是这样的。茱莉如今的出行决定会受到她两年前买狗决定的影响。但是我们很多人无法把握这些选择之间的关联性。我们做出决定,就好像它对未来的决策没有影响一样,这是错误的。今天的选择是过去选择的结果。认识到单一的决定指向一系列决定会对你有帮助。每一个决定都会背上之前决定的历史包袱。它是无法在真空中存在的,它具有上下文,每一个现在的决定都将限制未来的决定。

> 现实世界中的决定是环环相扣、互相连接的。

有很多例子都能证明每一个决定实际上都是系列决定中的一部分。例如,在政治舞台上,美国总统贝拉克·奥巴马的经济和外交政策在很大程度上受到了小布什、老布什、克林顿、卡特、里根以及几十年以来的前任总统决策的影响。在阿拉伯世界和以色列的冲突问题上,目前的谈判必须回溯到 20 世纪 40 年代甚至更早的决策上去。

茉莉买狗的决定引发了一系列额外的决定并限制了一些其他的决定。与此类似，重大决策可能对你以后的决定造成巨大的限制并极大地改变你的生活。我的一个朋友从北达科他州的威利斯顿搬到华盛顿特区。此后，她不断地抱怨与男人约会很难。威利斯顿的男女比例达到了2：1，但是华盛顿的男女比例大约是4：5，因此很显然她搬家的决定限制了她现在的社交生活。抽烟、不上大学、选择你的第一份全职工作、选择配偶、生孩子或者买房等都是重大的决定，它们会限制你未来的选择。

　　理性要求在行动之前仔细考虑你的决定。但在这里，我的观点更进一步：要想长期保持理性，需要在"上下文"中考虑你的决定。过去做出的决定就像是鬼魂一样，不断困扰着你当前的选择，所以你今天的决定将影响和制约你明天的选择。一个决定在某一时刻看起来似乎无关紧要，但是可能会在未来困扰你好多年。例如，你大学选择哪个专业看似无关紧要，但它很可能会决定你得到的第一份工作会是什么，而这将决定你在哪里生活、赚多少钱甚至和什么样的人做朋友。同样，估计没有人会认为选择配偶是一个小决定。我的一个女性朋友完全明白这一决定的影响。她曾经对我说："一个女人跟谁结婚将决定她在哪里住、房子有多大、在哪里购物、主要与哪些人做朋友、如何度过晚上、去哪里休假、她的孩子上什么样的大学，甚至她会被埋在哪里，等等。"

　　做决定时要看"上下文"。你可以通过向前看来改善你的决策，以确保当前决策符合你的目标。向前看，看看今天行动的未来后果。这样做，你会降低忽略或限制未来机会的可能性。因为今天的决定将影响和制约未来的决策，你需要评估今天的决定是否适合你的未来。你要确保正在做的事情与你一个月后的目标、一年后的目标、十年后的目标，甚至更远的目标相一致。

决策技巧

- 在上下文中考虑决定。
- 展望今天的行动带来的未来后果。
- 把现在的决定与未来的目标联系起来。

案例

　　小龙是我的大学同学，毕业后回到老家的省会城市工作。小龙的工作是计算机编程，开始的几年公司的经营状况还好，工资待遇也不错，小龙在省城工作也挺舒心。

　　小龙30岁了。在家里人的督促下，他在省城贷款买了一套90平米的房，谈了一个女朋友。可是，这几年，小龙所在的公司经营状况不好，行业也不景气，工资待遇不涨反降。小龙的技术实力在行业内小有名气，也有一线城市的公司向他抛来橄榄枝，提供更高薪的职位。

小龙左右为难，是辞去现在的工作，卖掉房子，和女朋友两地分居，还是继续留在当地生活？和家里人商量过后，小龙最后选择留在当地。小龙之前在省城买房结婚的决定，严重限制了他到外地谋求更高职位和薪酬的选择。

（案例提供：拆书帮太原黄河分舵，贾俊）

第34章　人生很长，可关键的决定就那么几个

> 人生道路上会有成千上万条分岔，其中几条分岔非常大——这就是那些值得你深思的时刻，领悟真谛的时刻。
>
> ——L. 艾柯卡①

迈克很烦，他急切地想要一台大屏幕电视机。他的大多数朋友都有一台。现在到了该买的时候了。根据在他朋友家看体育赛事的经验，迈克确信他至少要买一台42英寸的电视机。

迈克周六用一下午的时间逛了几家电器商场。电视机的尺寸从42英寸至65英寸都有，类型有平板电视、等离子电视、前投影机和背投影机。品牌有索尼、松下、三菱、JVC、LG、飞利浦、三星、夏普和东芝等等。面对这么多选择，迈克不知如何是好。他跑去图书馆看专业杂志上关于这些电视机的消费者报告，然后又上网查看用户评论。他读得越多，就越糊涂。花了三个周

---

① 李·艾柯卡，先后任福特汽车和克莱斯勒汽车公司总裁，在担任克莱斯勒总裁期间成功将公司扭亏为盈。

花 20 多个小时琢磨自己的选择之后，迈克决定等待。"这是一个重大的决定，我不想犯任何错误。面对如此海量的信息和众多的选择，我不知所措。我要花一些时间仔细想一想。"

迈克推迟购买新电视的决定并不存在任何内在的错误。然而，他的困境给我们提供了一个机会去思考，这个决定对于他自己是否真的那么重要。很多人似乎弄不清楚哪些决定真的重要，值得认真分析，哪些虽然看似很重要，实际上却并非如此。

怎样检验决定的重要性？一个决定对未来的影响越大，它的重要性也就越大。一个将塑造你未来 20 年生活的决定肯定比影响力只能持续几个月的决定更重要。

让我们回到迈克购买新电视机的决定上。你认为电视机将影响他 15 年还是 20 年的生活？大概不会。像大多数电子产品一样，大多数人会在十年之内买新的。如果迈克错误地购买了一台令他后悔不已的电视机，这种长期影响也是相对较小的。不同品牌的电视机在画面质量上的差异相对较小，迈克的生活质量也不太可能因为他选择了 42 英寸的电视机而非 50 英寸的就受到很大的影响。

买一辆新车的决定呢？它重要吗？我们中大多数人每隔五六年就会换一辆车，所以选什么车的长期影响也不大。但是，如果你以后再也不会买新汽车的话，它对你来说就可能是一个重要的决定。

重要决定的典型例子有哪些呢？什么样的决定因为会改变

生活,而需要进行全面细致的考虑?辍学、生孩子、吸毒、做一份没有上升空间的工作,要知道这些都可以改变你的人生。另外请注意,对于很多人来说,这些决定往往是一瞬间做出的,你并没有对它们的长期影响做过充分的思考。

当你 70 或 80 岁的时候,回首那些塑造你生活的关键决策,你也许不太可能会想到选择一台电脑、一辆车或者一个度假胜地。然而,许多人花大量的时间去担心和分析类似的决策,却花很少时间去注意那些真正关系重大的决定。有些人经常被小决定困扰。他们认为,每一个决定都非常重要。在商业中,我们把这种情况称为"分析瘫痪"。事实是,你没有足够的时间和精力去优化每一个决定。如果不区分关键决定和其他决定的话,反而会忽视真正重要的决定。

> 如果不区分关键决定和其他决定的话,反而会忽视真正重要的决定。

不存在一个对所有人都通用的标准来确定哪些决定是重要的。一些选择——例如退学或者成为家长——可能对几乎所有人来说都会改变生活,但我们每个人都要辨别那些对自己重要的决定。

虽然我还没有发现任何正式的方法来帮助你识别重要的决定,但我认为某些决定的重要性跟你的年龄相关。下面这些重要决定，我按年龄进行了分类。这些决定，如果不仔细考虑的话，可能会对你的生活产生负面影响：身体不好、财务困境、孤独、无聊、家庭关系破裂、自卑或是缺乏终身成就等。请记住，下面这些概括并非适合所有人：

- 十几岁：吸烟、吸毒、退学、结交"不良"朋友、不负责任的性行为、生孩子、莽撞驾驶；
- 二十几岁和三十几岁：做一份"没有未来"的工作、没有习得有用的技能、结婚、未能制订长期的理财计划（包括开始储蓄退休金）；
- 四十几岁和五十几岁：跳槽、肥胖、拒绝常规体检、做手术、未能发展多样的兴趣爱好；
- 六十岁及以上：未能规划如何过退休后的日子，未能合理应对高血脂、高血压等疾病。

总之，我认为任何决定都不是等同的。你需要为自己确定哪些决定是重要的，哪些不是。然后，你需要花更多的时间和精力在那些重要的决定上。

决策技巧

- 把你的时间和精力投入到重要的决定中去。
- 重要的决定是那些改变生活，对你的长远发展有直接影响的决定。

- 改变生活的决定往往会随年龄而变化。

案例 1

著名导演李安十岁之前在花莲念了两所小学，接受的是美式开放教育，来到台南后，又念了两所小学，面对语言习惯不同的闽南语，第一次体验到文化冲击。他高中进了台南一中。对于读书，李安一点兴趣都没有，心里只想着当导演。李安的父亲希望儿子考大学，可是李安参加两次联考均落榜（第2次考数学因为头涨腹痛，复选加上倒扣得了个0.67分，即零分），这让父亲对他的人生前景深感担忧。1973年，李安终于义无反顾地离开家乡到台北进修电影理论，进了艺专影剧科，从此改变了人生。

李安曾经落寞了很长一段时间。从1984年到1990年，他6年没有工作，在家当家庭主夫，烧饭打扫带孩子，家里的开销完全由妻子一人承担。其实他并不是完全找不到工作，他曾经因为长期失业而十分内疚，想转行学习电脑，但遭到了妻子的强烈反对；也有很多朋友介绍他去剧组当帮工，但他认定这辈子就是要干导演，所以拒绝打零工。他坚持自己对电影的兴趣，绝不妥协屈服。他阅读了大量书籍，积累了很多素材，最终厚积而薄发，拍出了"父亲系列三部曲"一炮而红，后来更是获得奥斯卡金像奖最佳导演奖。如果李安当时没有对电影的执着，转行做其他工作，我们今天就看不到他的成就了。

案例 2

有惊无险地跨过了高考的独木桥，面对填报志愿的高难度选择，小刘再度深陷迷茫。

第一志愿尤其重要，决定了你去哪个城市、哪所大学。第二、第三志愿只不过是个补充，但如果第一志愿没有被录取，第二志愿就成了首要被考虑的，因此也不能轻视。专业也很重要，决定了今后的就业方向。小刘拿着那本厚厚的高考填报志愿书，从前到后一页一页地翻过去，再从后向前一页一页地翻回来，再看看上面标记黑色三角形的重点大学，心想"中国的大学怎么这么多，哪里才是我的归宿呢？北京、上海的大学很多，是年轻人向往的好地方，可是生活成本也高得吓人，我即使去了也未必留得下。况且姐姐、弟弟都还在读书，对于一个几乎没什么收入的农民家庭来说，高昂的学费、生活费会是一个沉重的负担"。

根据估分，要上这些名校是没什么希望了，不过其他一些"黑三角"大学还是可以考虑的。班主任曾经说过，他们当年高考的时候，兰州大学很好，是"黑三角"大学，报的人多，也很难考。兰州大学？在甘肃，我国的西北地区，现在国家正在搞西部大开发，那边人少还好就业，是个不错的选择。征求父母及大爷、大哥的意见，小刘把一本一类第一志愿填上了兰州大学。

过了几天，高考分数下来了，与估算的分数仅有2分之差！班主任说："小刘，你这个分数很高，军校和兰州大学都能去，你考虑考虑去哪个。要是想去军校就来体检，不想去的话不参加体检就行了。"挂了电话，小刘激动极了。首先，高考这座独木桥现在算是真正跨过去了；其次，在这个人生的关键路口，自己掌握了选择的主动权，真是一件莫大的幸事。

　　听到这个消息父母都很高兴，小刘打电话把这个好消息告诉了大爷和大哥，并征求他们的意见，没想到大家都异口同声地说："去读军校。"曾经敢都不敢想的梦，曾经活在电视剧里的那个梦，或许在这个夏天就要实现了。几天后，小刘先后去学校参加体检，再去省城参加复检，通过了面试。最后，小刘被国防科技大学录取，成了一名军人。

　　　　　　　　　　（案例提供：拆书帮南昌滕王阁分舵阿，波罗）

第35章 高效的决策者知道适可而止

> 信息超载导致信息封锁。它并不会让你富有,反而会让你贫瘠。
>
> ——P.德鲁克

卡尔·库珀刚刚完成了一个为期四周的暑期项目。这个项目旨在对马上要升职为中小学校长或副校长的老师进行培训。卡尔认为课程非常有帮助,使他对战略、预算、组织设计、人际沟通和领导能力等方面有了新的理解。他觉得自己对担任罗斯福中学校长会遇到的问题有了更好的了解。不过,他并不确定自己是否可以运用新学会的这些"玩意儿":"学习这些新管理理念让我有点不知所措。"

我们经常听到我们生活在信息时代这样的说法,而这个新时代的一个特征就是信息超载。也就是说,我们接收到的信息超出了我们处理它的能力。有关信息处理的重要研究成果60年前就已经出现。研究表明,人类的记忆限制了我们接收、处理和记忆信息的能力。对于没有关联的信息片段，一般人只能记住5~9个。

让我们列一个包含20个无关联项目的清单。阅读过后请把书合上，看看你能记住多少个：水、沙发、面包、乌克兰、长颈鹿、租赁、投票、补药、戒指、底边、收音机、毛衣、耳朵、度假、渴望的、报价、冗余、案件、俱乐部、睡衣。我猜，你能够回忆的项目大概在5~9个。我们处理数据的能力有限。如果面对的信息超出了我们的处理能力，结果就是信息过载。

我们不断受到信息的轰炸。广播、电视、报纸、书籍、杂志、互联网、电话、短信、微博，还有朋友、亲戚以及专家，这些都让我们的眼睛和耳朵淹没在越来越多的信息海洋中。无论你身在何处——站在纽约时报广场，走过一家超市，为你的汽车加油或是在你的客厅看电视——你的感官都受到"攻击"。其中一些没有被你的感官过滤掉，将来它们就会影响你的决定。

需要注意的是，信息的数量并不等同于信息的质量。我们接收到这么多信息，很多并不会给你提供做决定所需要的、有用的、可靠的价值。当信息过载时，我们倾向于忽略或是忘记一些信息，或者推迟信息处理，直到过载有所缓解。无论何种情况，我们都会丢失一些信息。如果只是丢失了不重要的信息，这将是一件好事。不幸的是，我们经常会忘记一些有价值的信息，最终想起来的却是那些不相关的或者存有偏见的信息。例如，正如我们在这本书前文所提到的，能唤起情感的信息是最生动的，而最近发生的事情更有可能被记起。

在做复杂的决定时，我们常常会寻找更多的信息，因为我们总是认为信息越多越好。此外，正如前面章节所提到的，不断寻找更多的信息可能会导致不必要的延迟，甚至形成一种惰性。想想一个射击手一直说"准备，瞄准，瞄准，瞄准，瞄准……"，却迟迟没有扣动扳机。在害怕做决定的时候，你很容易宣称自己需要更多的信息以便做出明智的决定，从而把延迟合理化。

> 高效的决策者知道什么时候适可而止。

高效的决策者知道什么时候适可而止。他或她也能够区分信息的数量和质量。这里有一些建议，能够帮助你解决问题。首先要专注于自己的目标。在此之前，我已经说过无数次，但它非常值得重复：明确的目标是理性决策的关键。如果你的目标是明确的、连贯的，你就不太可能继续搜索无用的信息，你会有准备地快速评估新的信息是否重要。其次，要接受这一事实：做决定时你几乎永远不可能得到所有信息。不确定性是生活和决策的一部分。你无法消除不确定性，你只能获取适当的信息，将其最小化。第三，花点时间做批判性思考和反思。虽然你大概只能记住七个信息片段，但你依然可以不受记忆的影响——把东西写下来。对于重要和复杂的决策，使用笔和纸来确定你的选项并分析它们。此外，你还需要花点时间来思考。你是否有过这样的经历，猜字谜的时候怎么都猜不出，但出去一下之后回来，就豁然开朗了？更多更好的选择往往来自从手头任务中解脱出来的休息时间，再次回来的时候，你可能就有了另外的想法。最后，如何定义信息适量？什么是"足够"？当你判断进一步搜索信息不再可能产生任何有价值的选项时，信息就足够了。此时你将有一系列选项，其中至少会为你提供一个满意的选择。如果你还是不确定，可以问自己这样一个问题：获取更多选项所需要的时间和精力是否一定能够为你带来更好的选择呢？

决策技巧

- 专注于你的目标。
- 接受你几乎永远不可能得到所有信息的事实。
- 花点时间进行批判性的思考和反思。
- 当继续努力不再可能产生任何有价值的选项时，做出你的最终决定。

> **案例**
> 我去年在拆书帮工作，负责精品线下课程"梦想赋能班"项目。在全国范围内开了近40个班之后，我们发现公司对这个

项目的支持有些吃力，招生也慢慢从开始的抢名额发展到维持最低的开班人数。纵然想不通为什么这么好的课程报名情况不理想，我们还是打算适可而止。

首先，公司的常规项目同样需要投入大量的时间和精力，而我们只有两位员工兼职负责梦想赋能班，很难做到面面俱到。其次，我们无法获得有关招生的所有信息，制定精准的策略。再次，这个课程属于半公益性质，收费非常低，对公司的收入没什么帮助。所以，纵然非常不舍，我们还是做出了艰难的决定：暂停其他城市的课程，只保留上海和广州的。

现在来看，我们当时的决定是正确的。只专注于上海和广州，大大降低了我们招生的压力，课程质量的提升也为我们赢得了良好的口碑。现在，已经有越来越多的人呼唤在北京开班了。

（案例提供：拆书帮北京城市之光分舵，嘟嘟）

第36章 给自己的选项,不要超过六个

谁需要31种不同口味的冰激凌①呢?

——S. 罗宾斯

下面这个研究是在加州一家高档杂货店进行的,请一起研究一下。在间隔5小时的两段时间内,消费者可以尝试这家店推出的进口果酱。其中一段时间,这家店摆了24种口味的样品,另一段时间只有6种。消费者可以随意品尝。这项研究是为了看看消费者会品尝多少种口味的果酱,样品的数量是否会影响消费者未来的购买情况,以及未来购买一种或更多果酱的客户满意度如何。

下面就是这项研究的发现。首先,无论是24个品种还是6个品种,消费者最多也就尝两种口味。面临众多选择(24种选择)的消费者中有3%最后购买了一罐果酱,而面临有限选择

---
① 暗指连锁店"芭斯罗缤31冰激凌",它以随时提供31种口味的冰激凌而著称。——译者注

（6种选择）的消费者中有30%最后买了一罐果酱。后续调查还发现，两组消费者中，那些选择受限的消费者反而对自己购买果酱的决定更满意。

　　本章为上一章内容的延伸。信息并非越多越好并不只是因为信息超载，果酱实验也表明，你可以通过限制选择数量来增加幸福感。可以这么说，少即是多。我们生活在一个崇尚多样选择的社会和文化价值环境中。我们崇尚选择的自由。自由选择其实是以市场为基础的资本主义制度的一个基本要素。因此，我们倾向于认为，更多才是更好。从杂货店货架上的15种芥末中选一种，从大量潜在男女朋友中选一个，从众多的投资组合中选一项，我们认为这样就会更幸福。但是，正如我们在前面的章节中所了解到的那样，我们吸收和记住信息的能力是有限的。因此，我们就陷入了"选择的悖论"。事实上，有选择是好的，但这不代表选择更多就会更好。

> 事实上，有选择是好的，但这不代表选择更多就会更好。

　　一些研究发现，更多的选择可以提高满意度。但是这些研究都是将1种选择与2种选择相比，或者2种选择与5种选择相比得出的结论。当与小额数字打交道时，更多的选择一般都意味着更好。毕竟有限的选择肯定比没有选择好。那么20种选择就会比三四种选择好吗?在这种情况下,答案似乎是否定的。

很多研究已经证实,更多的选择反而会降低满意度。但是为什么会这样呢?目前已经总结出了三种原因。首先,更多的选择意味着我们需要更多的信息来评估这些选择。4种选择的信息肯定比24种选择的信息更好获取。所以说,选择越多,任务也就越重。其次,随着选择数量的扩大,我们倾向于提高对可以接受的结果的期望。当我们从31种不同口味的冰激凌中做出选择时,我们希望找到一种更完美的口味,这种期望肯定要高于只能从巧克力味和香草味之间做选择。第三,随着选择数量的扩大,如果最终结果无法接受,我们会倾向于认为这是我们的错。有这么多可供选择的方案,为什么偏偏还会选择一个不好的呢?这些研究可以解释为什么包办婚姻的离婚率低,为什么名人和超级富豪反而很难维持一段感情。答案其实就是:选项。如果在你生活的社会中,刚出生就已经选好了配偶,你往往会接受这种单一的选择,也不会为了寻找更"好"的人而把生活变复杂。另一方面,当你的身边到处都是各种很有吸引力的潜在伴侣,你就会想肯定能找一个更好的。

有趣的是,更多的选择可能会减少满意度,但并非所有人都是如此。还记得我们在第6章"完美主义者or差不多先生"中的讨论吗?研究表明,与把事情做得差不多就行的人相比,想把事情做到最好的人在面对众多选择时反而更遭罪。这是因为想把事情做到最好的人为了努力找到最佳选择会寻找更多的选项。

之后，不管结果是什么样，他们很可能会回过头来，后悔当初没有选择另一个选项。鉴于想把事情做到最好的人肯定无法检查所有的备选方案，他们的脑海中总会出现这样一个挥之不去的想法，那就是"我肯定忽略了更好的选择方案"。与此相反，差不多就行的人肯定不会试图寻找一个最佳的方案，一个足够好的方案就能满足他。这样的结果是，做事差不多就行的人很少会为自己做出的决定感到遗憾，他们也不会去"回味"自己有没有错过更好的选项。

对于大多数人来说，做决定时可以通过限制选项的数量来增加幸福感。由于更多不一定就更好，我们可以把自己的选择项控制在 6 个左右。很多情况下，数量还可以更少。这样做，我们就不太可能后悔没有做出正确的选择。此外，请考虑降低你的期望，做一个差不多就行的人，而不是过分完美主义的人。如果对决策结果的期望太高，你就更可能去寻找更多的选项，做更多的分析。这个过度的努力，从长期看会增加失望的可能性。无论是在选择还是期望方面，少即是多。

决策技巧

- 选择越多，出现遗憾的可能性也越大。
- 限制选择项可以增加幸福感。
- 降低期望值同样也可以增加幸福感。

第36章 给自己的选项,不要超过六个

案例

晓晓的男朋友约她去旅行,于是两个人开始讨论。他们一起回想去过的地方哪里比较好,草原?海边?高山?湖泊?城市呢,有杭州、成都、大理、丽江、青岛……冬天来了,可以到北边看雪,去哈尔滨、五大连池;若想去温暖的地方,三亚、昆明、泰国、马来西亚也可以。看朋友圈,有人去了日本,有人去了千岛湖,甚至还有人去了羚羊大峡谷……可以去的地方那么多,他们反倒没了主意。

一转眼就到了年底,年假再不用就要作废了。于是,男朋友给晓晓圈定了四个选项:(1)去三亚看海、吃海鲜;(2)去云南享受自然风光;(3)去黄山风景区泡温泉;(4)去哈尔滨滑雪、看冰雕。

在这四个选项里面选,拿主意就容易多了。晓晓也放低了自己的期望,毕竟一次旅行不可能既看山又看海,自然景观和人文底蕴兼得。既然云南和三亚自己都去过了,哈尔滨可能会太冷,晓晓很快就选定了自己没去过的黄山。

(案例提供:拆书帮北京城市之光分舵,嘟嘟)

第37章　纠结于过去的决定只会浪费你的时间

> 每当我做出一个糟糕的决定,我就出去走走再重做一个新的。
>
> ——H. 杜鲁门

茱莉·埃尔南德斯在重温自己过去的决定时都会抓狂:"如果2011年埃迪向我求婚的时候,我答应他会是怎样?我应该大学一毕业就开始省钱,而不是等到快30岁了才这么做。我觉得我买了太多份人寿保险了。也许我应该多等几个月再买新款计算机。"

茱莉十足是一个纠结于"本可以这么做、早应该这么做"的人。做决定时,她似乎不存在什么问题,但等到决定做出后,无论结果如何,她都会一遍又一遍地纠结这些决定,而且总是怀疑自己当初是否做出了正确的决定。

茱莉并不是唯一一个这样的人。我们中的很多人耗费了大量时间去重新审视以往的决策,并设想如果当初做出另外一个决定会是怎样的结果。在一些情况下，重新审视过去的决策是有益的。然而，更多的情况下并非如此。这只会浪费时间，并导致一些额外的不良结果。

重温以往决定的好处有哪些呢？它可以提供学习机会。我们能从过去的错误和成功中学到一些东西。我们能了解什么可行，什么不可行。然而，这样做也有一大坏处：浪费时间和精力。就像第 24 章中提到的那样，决定一旦做出，它就形成了沉没成本。它会使我们未来做决策时犹豫不决。沉迷于过去的决定常常与惰性和拖延症有关，就因为我们害怕犯错误。

> 沉迷于过去的决定常常与惰性和拖延症有关，就因为我们害怕犯错误。

我们在这里讨论的心理学概念是后悔。正如在前面的章节中提到的那样，这是一种消极的情绪，这种情绪的产生是因为我们意识到或想象如果当初做了不一样的决定，现在的情况会更好。偶尔我们都会为当初所做的决定感到遗憾，但有些人后悔的频率似乎要比其他人高很多。你应注意到后悔的消极影响，因为浪费时间"为打翻了的牛奶哭泣"，不仅会降低你做决定的效率，更重要的是还会制约你未来的决策能力。

关于后悔，我们知道的很多。例如，在得知决定的结果后，你就可能体验到后悔。当你买礼物送给别人，却从来不知道那个人是否喜欢时，你是很难体验到后悔的。但是，当你知道当初另一种决定的后果后，你就更可能后悔。我的一个朋友一直后悔20世纪60年代后期他所做出的一个决定。当时他住在美国俄勒冈州尤金市，放弃了给一家制鞋企业投资。这家企业最后成了今天的耐克。我的这位朋友如今还经常查看耐克的股票价格，为当初的决定悔恨不已。此外，与前面的例子相反的是，研究还表明，当我们采取行动后出现了不好的后果，这种情况比我们不作为时产生的不好后果更令人后悔。例如，一个人创业后失败，就会相信如果当初他没有创业，日子就会过得更好。

关于后悔的一个有趣现象是，一些客观上更成功的人可能最后会比其他人更容易感到后悔。具体来说，奥运会的亚军会比季军更为不满自己的表现。原因是什么？铜牌得主往往更关心第四名，赢得一枚奖牌已经能令其激动不已。相比之下，银牌得主关注的是他们丢了金牌以及奥运冠军是多么触手可及。

什么样的情况下，你可能会感到后悔呢？目前，研究人员已经发现了四种情况。首先，如前所述，后悔是因为有反馈。后悔来自所选方案与未选方案之间的比较。如果你不知道决定的结果如何，你就很难体验到后悔。第二是所选方案的吸引力与其他一个或多个方案大致相同。如果被选方案的结果不好，就很容易得出做错决定的结论。这表明，决策越困难，你越有可能会出现后悔情绪。第三，如果很快就知道决定的结果，你很可能会感到后悔。比如你决定横穿马路，结果被汽车撞倒，裹了一个月石膏，你对这个决定的后悔程度肯定会大于决定吸烟，因为吸烟的不良后果通常会延迟几年或几十年到来。第四，一个决定越是不可逆，如果后果不理想，那么你对这个决定的后悔程度就越高。相反，如果你可以轻易地纠正过去的错误，就不太可能为之前的决定后悔。

虽然你无法消除后悔，但可以将其最小化。例如，不是所有的决定都需要后续跟进。如果你仔细比较后在互联网上购买了一台新相机，下订单后再继续去比较是完全没有必要的，这只会增加后悔的可能性。生活中的很多决策都会自动给你反馈，没必要给自己找更多的反馈。你反而应该把更多的时间投入到重要的决策中去，特别是那些存在好几个相似备选方案的决定。这些决定是你最有可能会后悔的。最后，在不可逆的决定上多花点时间。

决策技巧

- 不是所有的决定都需要后续跟进。
- 投入更多的时间到重要的决策中去，特别是那些存在好几个相似备选方案的决定。
- 在不可逆的决定上多花点时间。

案例

1. 不是所有的决定都需要后续跟进。

生活中的一些决定，例如购买日常用品、休闲娱乐等，做完之后不必花费精力关注其他选项，你自然而然就能得到相关的使用体验，这次不如意，下次避开就好。例如你在用手机点外卖，这家做得不好吃，下次选择其他家即可。

2. 把时间投入到重要决策中去，特别是那些存在几个相似备选方案的决策。

我们都知道，人的精力有限，时间是最稀缺的资源，要事第一。我会花更多时间在购房（会影响到生活质量和孩子的教育）、职业选择（影响到一天1/3时间的幸福度）和重大投资等事情上。

3. 在不可逆的决定上多花时间。

有些事情是不可逆的，比如生二胎，孩子0到3岁的教育（3岁之前是孩子性格形成的关键期），以及重大投资等。孩子生出来了，就不可能再塞回妈妈肚子里去；孩子的性格会影响他/她一生；重大投资失败你可能一辈子都要还钱。所以在此类不可逆的决定上要投入更多的时间和精力。

（案例提供：拆书帮苏州阅苏分舵，张然）

第 38 章　成功人士懂得冒险

> 如果不投球,那你 100% 不会中。
>
> ——W. 格雷茨基[①]

奥普拉·温弗瑞、比尔·盖茨、达斯汀·霍夫曼、比尔·克林顿、雷·克罗克[②]、多莉·帕顿[③]、史蒂夫·乔布斯、金·凯瑞[④]和毕加索有什么共同点?除了成功的事业,他们都承担了风险。如果用一个特征来区分取得巨大成就的人和其他人,你会发现成功人士都冒过险。他们辞去工作,搬到一个新的城市,开始创业或者竞选政治职位。他们做了一件让自己脆弱并暴露在失败面前的事情。我不是在说冒险就能保障成功,显然事实也并非如此。我的意思是,如果不放弃一些稳定的东西,承担风

[①] 韦恩·格雷茨基,加拿大著名冰球运动员,现任 NHL 菲尼克斯野狼队主教练。
[②] 麦当劳创始人。
[③] 美国著名乡村音乐女歌手。
[④] 加拿大裔美籍演员,被誉为"好莱坞喜剧天王"。

险，就很难取得巨大的成就。正如有人曾经说过："每一个成功人士的背后，都有一位深信自己的孩子正在犯大错误的母亲！"

回头看一看你在第5章"算一算你的风险偏好"中的得分，成绩如何？冒险是一种个性因素。我们并非都有相同的风险承受能力。如果你不是一个冒险的人，那么你就需要特别注意本章以及本章提出的建议。通过积极努力承担更多的风险，你也许能做出更有效的决策。如果你从第5章中得出自己爱冒险的结论，那么冒险已经能够吸引你。这时你必须小心，不要扔掉谨慎的作风，也不要轻易寻求过于冒险的决策方案，特别是那些损失会明显大于潜在收益的方案。

> 不放弃一些稳定的东西，承担风险，就很难取得巨大的成就。

生活的简单方法是坚持到底，不惹麻烦。这通常意味着做那些结果可以预测的决定，以及那些对你的已知世界威胁最小的决定：留在你成长的小镇、在整个职业生涯只做同一份工作、每年去同一个地方度过你"常规"的假期、保持恒定的爱好和兴趣，等等。低风险生活的一个特点是不需要太多的决策。不过我们在第32章中说过，选择不做决定也是一种决定，但低风险的承担者不太可能这样认为。他们认为，减少改变就可以最大限度地降低风险。低风险的承担者在他们晚年的时候，可能会失望地回顾过去，琢磨着他们是如何达到自己目前的生活状态的。他们不是积极地管理自己的生活，而是被动地坐在场边，让生活发生在他们身上。

那么关于冒险和决策，我们知道些什么呢？这里有一些需要注意的事项。愿意冒险的人会迅速做出决定，但并不代表这些决定没有经过深思熟虑。与流行的观点相一致的是，冒险者做决定时，不仅用时较少，拥有的信息也较少。尽管冒险者为了迅速做出决定会限制信息搜索，但他们会仔细研究能获得的信息。一个人的冒险程度也与年龄有关。对年龄在22岁至58岁之间的人进行研究后发现，冒险精神与年龄负相关。也就是说，随着年龄的增长，我们面对风险时往往会更加保守。这可能是因为年龄较大的人认为自己能够损失的更多。最后，关于冒险和决策最好的研究结果之一（之前我们在第19章"框定偏差"中也提到过）是，风险的评估结果取决于我们寻求的是增加收益还是避免损失。当寻求增加收益时，我们倾向于规避风险；而当寻求避免损失时，我们更容易追求风险。为了挽回或避免损失，我们似乎特别愿意承担很大的风险。例如，炒股者倾向于过早地卖出赚钱的股票，而不愿意卖出有损失的股票。当投资出现收益时，我们经常因为卖得过早而错过未来可能获得的收益。反之，当股票下跌时，我们常常幻想股票会反弹，并承受进一步亏损的可能性，就是不愿意接受目前的亏损。

本章主要是写给不愿意承担风险的人看的。我试图说明拒绝改变和过于保守的坏处。虽然我这么说，但我并不建议你采取赌博式的决策方式。冒险之前也需要进行深思熟虑，认真考虑成功的概率。成功概率很小的选择方案，即使回报特别丰厚，也是在赌博。但是，你不应该仅仅因为存在失败的可能，就错过那些会带着你走向成功的机会。

　　本章想要表达的观点主要有三个。第一，拥抱变化。变化并不总是威胁，它通常也是机会——一个有风险的机会。有风险的机会也是机会。其次，了解你的风险承受能力，在此基础上选择与你风险偏好水平相适应的方案。第三，承担计算过的风险。不要赌博。仔细考虑决策潜在的好处和坏处。更重要的是，如果你厌恶风险，那么你有可能过于看重它的坏处，即使是最坏的情况往往也不会是你一开始想象的那样。

决策技巧

- 拥抱变化。
- 了解你的风险承受能力。
- 承担适当的风险。

案例 1

王春生从小就喜欢养动物。在养殖豪猪前,他在家乡的县城经营餐馆。有一次他在《农广天地》上看到别人养殖豪猪,经多方了解,豪猪养殖比较简单,劳动强度也不大。2015年年底,王春生转让了自己经营了十多年的餐馆,到海南学习豪猪养殖技术,并购买了豪猪种苗。回到家乡时,不少人当场给他泼了冷水:这豪猪大家连见都没见过,更别说吃它的肉了,这在当地能有市场吗?父母亲和妻子都有些埋怨,说他太冲动了,县城的餐馆虽不是很赚钱,总还能解决温饱,一家人吃喝不愁。

面对质疑,王春生一边继续养殖,一边和家里人沟通。他告诉家人,通过在海南、广东、湖南近一年的考察,他非常清楚豪猪的市场前景:豪猪肉在最低谷时能卖到60元一斤,行情好的时候能卖到130元左右。一头成年豪猪有30斤左右,行情好时,光一头豪猪就能卖3000多元。豪猪是食草动物,以根、叶片、水果和浆果为食,最喜食瓜果、蔬菜和其他农作物秸秆。一只猪长大需要8个月,成本只要400块。除去养殖成本,每头豪猪能赚600到700元。现在养殖场里面有100多头豪猪,只要一出栏,毛利至少有60万。与开餐馆一年赚几万元相比,养殖豪猪将会让全家人的生活大变样。

这一番账算下来,家里人开始全力支持王春生的豪猪养殖。从2016年10月开始,豪猪肉在市场供不应求,价格一直居高。王春生将饲养的豪猪全部销往广东、海南等沿海城市,赚得盆满钵满。眼下,他正计划进一步扩展本地市场,带动乡亲们一起发展。

案例2

南昌三吉制衣集团的创始人万某，2003年决定收购一家濒临破产的房地产公司。当时公司很多股东反对，他们认为花那么大的代价收购是非常冒险的：一方面当时国家对于房地产的调控非常严，大家都不看好房地产的前景；另一方面，这次收购将会让集团的资金流转压力变大，新增的银行贷款也会加大财务压力，对现行的主业的扩张产生不利影响。

万某坚持认为，劳动密集型的制衣行业已经出现拐点，集团必须要提前做出转型安排。国家调控房地产的目的不是管死房地产，而是让其健康发展。按照我国城镇化的长期规划来看，居民住房市场将长期利好，市场价值将达数万亿，所以在调控时进入是一个非常好的选择。经周密调研，他力排众议，让公司进入房地产行业，此后便迎来了中国房地产十多年的黄金发展期。

（案例提供：拆书帮南昌滕王阁分舵，阿波罗）

第39章　是人就会犯错

生活中你能犯下的最大错误是担心自己还会犯错误。

——E. G. 哈伯德①

亨利·福特的第一家公司——底特律汽车公司——开了不到两年就失败了。他的第二家汽车公司也失败了。不过他的第三家公司——福特汽车公司——使他成了美国最富有的人之一。奥普拉·温弗瑞的第一份工作是在巴尔的摩做主播,不过最后她被辞退了。沃尔特·迪士尼被一家报社的编辑解雇了,因为他"缺乏想象力、没有好想法"。西奥多·盖泽尔,也就是苏斯博士,他的第一本书曾经被27个出版社拒绝。哈兰·山德士上校曾经从几十个岗位上被辞退,后来他创办了肯德基。为了开发自己的吸尘器,詹姆斯·戴森制作的5126个原型都失败了,花掉了自己超过15年的积蓄。今天,他的身价高达45亿美元。可谓最伟

---

① 阿尔伯特·格林·哈伯德(1856—1915),美国著名作家、出版人,曾出版畅销书《致加西亚的信》。

大的篮球运动员的迈克尔·乔丹，也曾经被高中篮球队除名。

上面的例子说明了本章要讨论的观点：一些有成就的人都曾面临过挫折和失败。不过他们把失败当成学习的机会，并从中获取自己的见解，用来改进今后的决策。正如托马斯·爱迪生恰如其分地指出的那样："我并没有失败，我只是发现了1000种行不通的方法。"

本章是我们前面关于冒险的讨论的延伸。你冒的风险越大，你犯错误的概率也就越大。把错误当成失败还是当成可以借鉴的新信息都取决于你。

> 把错误当成失败还是当成可以借鉴的新信息都取决于你。

有两个流派的研究能够为我们提供一些见解，让我们认识到应当如何以及为什么这样应对错误和挫折。这两个研究分别是强化理论和完美主义研究。

强化理论告诉我们，屡遭失败会削弱我们再次尝试的动力。例如，以你目前的兴趣和爱好为例：如果你比较在行，你很可能会坚持下去。如果你在闲暇时间里织毛衣、打高尔夫、读书、做填字游戏、画画或是编写计算机程序，我猜你喜欢这些活动的部分原因是你在这些方面比较在行。想想那些你曾经尝试过，但之后放弃的活动。我猜，你可能并没有这方面的天赋，或者说你发现这些活动太难，所以缺乏继续或发展自己这方面技能的动力。我们都有一种倾向，喜欢重复和强化那些能够成功或者有进步的活动，避免成功无望的活动。这在决策方面又有什么意义呢？如果你做出的决定并没有出现预期的效果，那么这些挫折会让你在未来难以做出带有不确定性和风险因素的决定。

阻碍我们接受错误的另一个因素是对完美的渴望。有一些人是完美主义者，他们有把任务做好的强烈愿望，并且不喜欢短期变化。虽然完美主义是一个复杂的概念，它的一个主要方面就是过度担忧会犯错。完美主义情节严重的人恐惧失败，害怕犯错误，担心失去控制，他们也更容易受到拖延症的困扰。一个完美主义者对犯错恐惧的回应往往是避免做出决定。如果你有强烈的完美主义倾向，请小心，这可能会导致害怕犯错误和拖延症。

那么，你应该如何对抗挫折带来的强化压力呢？你怎么才能向前走，不会因为决定的最终结果并不如你所想就惊慌失措呢？首先，你应该承认失败是生活的一部分。人生充斥着不确定性，因此要避免失败的唯一办法就是避免不确定性和风险。这是你想要的生活吗？大概不是。你需要做的是从挫折中吸取教训。犯了错误，你从中能学到些什么？它们能提供什么样的见解？在未来可以帮你做出更好的决策吗？犯错误没什么可怕的，只要你不重蹈覆辙。一旦犯了错，就要马上纠正过来。要做到这一点，最好的办法是寻求小成功。一次重大的挫折后，你可以做些能够实现小成功或小改进的决定，这样做可以帮助你恢复自信。有这么一个例子，我的一个朋友决定尝试做一桌精心准备的法式大餐来打动他的女朋友。最终这变成了一场"灾难"，没有一道菜做得可口好吃。他的第一反应是放弃努力准备美食的尝试，但转念一想，他决定去实现一次小成功。下一次邀请女朋友过来时，他就只做了烤牛排并集中精力做自己擅长的奶油甜点。

决策技巧

- 从错误中吸取教训。
- 如果你是一个完美主义者，要特别警惕拖延倾向。
- 寻求小的成功或小的改进。

案例

1. 行为正强化。

我小时候很喜欢打乒乓球，所以花了很多时间在上面——放学后、周末、各种假期，都能看到我在乒乓球场上的身影。越喜欢打，越经常打，打的越多，球技也越来越好。我打败了周围很多同学，甚至一些大孩子和大人也成了我的手下败将。我越有成就感，就越喜欢打乒乓球。对那些水平较差的同学，我甚至开始练习反手打，渐渐地很多人连我的反手都打不过了，我的自信心和兴趣更强了。

2.行为负强化。

我从小就不会游泳,到现在也没有学会。既然不会游泳,我就没有动力去游泳馆,即使宾馆有游泳池也不会去使用。于是我在这方面的技能一直没有提高。

(案例提供:拆书帮上海申活分舵,孟钢)

第40章　经验可以改进策略，但是……

> 经验是每个人给自己的错误起的名字。
>
> ——O. 王尔德

在俄亥俄州的克利夫兰，消防指挥官和他的队员们在楼房的后面遇到了火灾。指挥员带领团队冲进大楼。火势正往厨房蔓延，他们站在客厅里朝着烟雾和火焰喷水。但火势疯狂反扑，并继续燃烧。队员继续喷水，火苗短暂平息。不久，火焰再度燃起，而且更为凶猛。这时指挥官被一种不安的感觉所吞噬。他命令所有人离开。团队刚刚到街上，客厅地板就突然塌陷。如果有人留在屋子里，就会掉入被熊熊火焰吞噬的地下室。

为什么指挥官下令离开呢？因为火情不符合他的期望。这场火灾中，火在客厅的地板下面烧，所以消防员的救火行动无济于事。此外，上升的热气让房间异常炎热，眼前可以看到的小火肯定不会导致如此大的热量。另一条线索是，这不仅仅是厨房着火，因为它出奇地安静。大火灾会出现很多噪音。这名指挥官的直觉告诉他地板挡住了熊熊烈火燃烧的声音。

老消防队员积累的经验已经形成了一个宝库，他们能够下意识地把火灾归类，并知道如何去应对。他们寻找线索或模式，在不同场合采取不同的行动。换句话说，老消防队员用自己的经验做出了更好的决策。

正如这个消防员救火的例子所说明的那样，经验可以是一位很好的老师。但并不总是这样！经验还可能导致傲慢、过度自信和缺乏创造力。如果你在第 11 章中测试的结果显示你存在这个问题，那么就要小心不要让经验影响你的客观性、限制你的选择。在本章中，我们来看看什么情况下经验是福，什么情况下是祸。

认为经验有益于决策的说法遵循了以下的逻辑：我们时不时会犯错误；我们从这些错误中学到什么可行，什么不可行；我们积累经验；这些经验帮助我们在未来做出更好的决策。这样的逻辑也符合前面章节所讨论的内容，因此经验让我们在错误中学习。

在开始之前，让我们先了解一下经验这个词的意思。它是年龄？是从事一项活动的时间长度？还是专业知识积累的一种度量？在决策中，这个词的意思取决于你如何定义它。由于我们关注质量和数量，所以我们把经验定义为：对专业技能积累的多次反馈。因此，20 年的"经验"可能无法反映 20 年的专业知识积累。它可能只是一年的经验重复了 20 次！

本书第三部分描述的倾向和错误不会随着经验的增长而减轻或变少。这可以用经验的三重限制来解释。首先，反馈存在延迟。因为通常情况下，做决定和决定的结果之间存在一段时间间隔，因此人们往往很难从错误中吸取教训。第二，人们可能永远不知道另一种决定的结局会是什么。因此，缺乏明确的因果关系阻碍了学习过程。第三，情况之间存在差异。因为我们不能确定在一种情况下可行（或不可行）的东西在另一种情况下是否会出现类似的结果，因此学习就受到了阻碍。这些限制表明，我们知道发生了什么（经验）并不意味着知道它为什么会发生（学习），以及它能否转化为自己的知识。

经验最大的影响就是它会让你做出常规决定。遇到某种情况之后，经验会让你觉得："我以前已经多次见过这种情况了。我知道什么可行，什么不可行。所以我知道需要做什么。"在常规情形下依赖经验的效果很好，因为过去的做法为你提供了深入的见解，让你知道如何以最佳的方式解决问题。类似的做法就是，单位会创建规则和程序，使员工能够快速有效地解决常规问题，每个人也会创建心理"程序"来应对经常出现的问题。举例来说，每天上下班都走同一条路。每天早晨离开家之前，你都会看看这条路的交通状况。当这条路有事故或是交通堵塞发生，你就选择另一条较远的道路，因为经验告诉你那条路永远不会拥挤。

> 要知道，经验可以是一种资产，也可以是一种负担。

经验有什么缺点呢？如果经验导致了傲慢、过于自信、不准确的看法或者限制了创造力，它就会降低决策的质量。正如第13章所述，过度自信会成为我们所有人的问题。当它应用到不同的背景，或者当条件发生变化时，它对决策质量的破坏力更强。保罗·艾伦因为参与创办了微软成为世界上最富有的人之一。然而，这些经验并不能成功转移到他的私人股权投资公司——火神资本上。这个公司让他亏损了数十亿美元，仅仅是为了尝试创建一个基于网络的投资品种。同样，布恩·皮肯斯在石油领域赚了数十亿美元，却因为投资风能损失了数十亿美元。经验还可能导致不准确的认知。如果你的经验是带有偏见、存在倾向性的，你的看法就很可能是不准确的。这样一来，你就可能错误地认识问题，错误地提出解决方案。最后，经验会限制创造力。当新的决策需要具有创新性的解决方案时，经验会限制你的发散性思维。许多重要的科学突破和发明，其实都是那些天真的人做出来的，因为他们并不知道这个是做不了的！

那么我们的结论是什么？要知道，经验可以是一种资产，也可以是一种负担。它可以导致傲慢和自负。取得过成功的人需要警惕，不要过于自信，尤其是在处理专业领域之外的问题时。

在新的情形下处理问题，依赖经验需要谨慎。找出创造性的解决方案需要你超越常规的思维。但是，当你应对常规问题时，你应该放心地依赖经验。

决策技巧

- 要知道，经验可能会导致傲慢和自负。
- 面对新的情况，需要具有创新性的解决方案时，要淡化经验。
- 处理常规问题可以依赖经验。

案例

　　市场策划部的崔总安排培训，一个人在台前讲了3个小时，而台下所有的销售人员都在玩手机，董事长见状脸色铁青。

　　培训开始之前2周，小元曾经问过崔总是否需要帮助，崔总说："不需要，我做过很多这样的培训，这是小菜。"崔总倚仗过去的成功经验，想当然地认为这件事容易处理，却忘记了过去参加培训的是70后和80后员工，而他现在面对的是90后。过去的经验没有帮到崔总，反而害了他。如何调动90后员工培训的积极性，已经超出了崔总的专业技能。

　　　　　　　　（案例提供：拆书帮武汉珞珈分舵，李真）

第41章　你所属的文化决定了你的决策风格

在罗马，就做罗马人做的事情。

——圣安波罗修①

克里斯·里德如今处于半退休状态，他现在住在佛罗里达州。他回忆起2008年发生的事情。当时，除了去加拿大和墨西哥度假，克里斯从来没有出过美国。他的公司埃克森美孚把他分配到沙特阿拉伯之后，一切都改变了。

1991年，克里斯以地质学家的身份加入埃克森美孚。他的工作地点基本上都在得克萨斯州米德兰地区。在达拉斯出生长大的克里斯很快就适应了米德兰。到了2008年，公司要求他负责一支勘探队，去南加瓦尔运营一个15亿美元的天然气项目。克里斯很快就发现南加瓦尔与得克萨斯州的米德兰不同。"南加瓦尔人很不一样，这令我很难适应，"克里斯说道，"公司为我们提

---

① 圣安波罗修（约340—397），罗马天主教神职人员，曾任米兰主教，拉丁四大教父之一。

供了所有家具，所以关于住宿我没有什么可担忧的。但我的沙特同事与我在得克萨斯州的同事完全不一样。与沙特人交往，信任是非常重要的。在美国，我们较少依赖于信任，更多地依据合同和法律文件。沙特人似乎也不关心一个决定的结果是否会影响自己的家庭。阿拉伯人特别看重荣誉，你不能让阿拉伯人丢脸，尊严和声誉是非常重要的。但大概没有什么比理解沙特人对时间的看法更难了。不像美国人，他们有很大的耐心。涉及时间和日程安排时，沙特人是非常灵活的。决策的最后期限对他们来说没有太大的意义。有人告诉我，这与他们宿命论的文化有关。"

我们都是自己所处文化的产物，而文化存在差异。研究表明，文化在很多方面都存在差异——自信、未来导向、集体主义或是个人主义等。例如，美国人比瑞典人更自信，比俄罗斯人更注重未来，比日本人更个人主义。在许多中东国家，人们认为生活在本质上是天注定的（参见第7章"谁控制你的命运"），他们拥有高度的外控制向。事情发生时，他们往往把它看作神的旨意。相比之下，美国人和加拿大人则认为他们能够控制自然。西方的文化把时间看作一种稀缺资源。因为"时间就是金钱"，所以要做到高效。因此美国人注重制订计划并依据计划行事，迷恋节省时间的工具——如时间规划表、隔夜邮件投递、手机、录像机和遥控装置等。大多数来自中东和拉美国家的人并没有像北美这样过分注重时间和规划。

本章所要传递的信息是文化塑造决策。尽管决策的许多方面都受到文化的影响，但这里我们只讨论几个方面。让我们来看看文化如何影响问题的解决、合理性、一致性、目标和风险倾向。

有些文化强调解决问题，而另一些则专注于接受问题。美国属于前一类；泰国和印度尼西亚属于后者。例如，泰国人在寻找问题方面可能会比较慢，与他们的英国或美国同伴相比，更不愿意主动去改变。

第2章中描述的理性程序在一些文化中并不被承认。尽管在北美、西欧和世界其他一些地区，理性得到尊崇，但我们不能一概而论地称世界各地都是如此。例如，在美国，一个好的决定确保了它与个人的目标相一致。美国人鼓励自己设定清晰的目标、确定所有可行的解决方案、认真思考和评估这些方案、选择最能实现目标的方案。然而，在伊朗等国家，人们并没有把理性奉若神明，一个好的决定很可能是依靠直觉做出的。在世界上的一些地方，灵魂、宗教、迷信才是决定背后的驱动力，而不是理性。

文化上的差异——特别是集体主义和个人主义——影响了人们的冒险意愿。比如，中国人比美国人更爱冒险，特别是在投资决策方面。为什么呢？这似乎是因为在集体主义主导的国家，人们遭受挫折后更有可能得到家人和亲戚的经济援助。如果你的文化为你提供了一个更宽阔的安全网，你就更愿意冒险。

> 在任何一个国家,占主导地位的决策风格和实践反映了这个国家的民族文化。

在任何一个国家,占主导地位的决策风格和实践反映了这个国家的民族文化。因此,一个决策过程在加拿大被认为是好的可能在中国会被认为是不恰当的。所以,不要想当然地认为其他国家的人做决定的方式和你一样,同样也不要因为他们的决策方式与你不同就认为他们低级。尽管决策理论推崇理性决策,但这个理论是存在文化倾向的。因为大多数的研究人员来自重视目标和一致性的国家和地区,如美国、加拿大、西欧和以色列等。在良好的决策不是通过理性来做出的地方,你就应该根据当地的文化调整做法。

决策技巧

- 不要以为来自其他国家的人做决定的方式与你一样。
- 尽管决策理论推崇理性,但它是存在文化偏见的。
- 在良好的决策不是通过理性来做出的地方,你就应该根据当地的文化调整做。

案例 1

老郑做财务咨询工作。给客户做税务筹划的时候，她会花整整一周的时间研究客户的账本，然后给出建议。有时候，她一句话、一个思路就可以帮客户节约上百万的税款。如果在付款前就把思路告诉中国的客户，对方就会说方法简单，因而拒绝付费。而如果客户是外资企业，就不会出现这个情况。中国企业愿意花钱购买看得到的东西，人的智力成果则会被轻视。而外资企业注重人的价值，舍得牺牲物质去购买智力产品。

案例 2

前段时间，王莉去相亲。男方就职于某知名互联网公司，见面时穿着T恤、休闲裤和运动鞋。王莉说，相亲这么重要的事情，穿成这样缺乏尊重。小伙子的收入在当地属于中上水平，并不是穿不起正装。小伙子说，他们上班就是这样穿。姑娘和小伙子所在企业不同的文化，让他们对服装的态度截然不同。

（案例提供：拆书帮武汉珞珈分舵，李真）

》》》第五部分

总结

- 学会这9条,将会改变你的一生

第42章 学会这9条，将会改变你的一生

当你到了岔路口，走下去吧！

——Y. 贝拉①

读完这本书，你已经学到了很多。你了解了理性决策的概念以及为什么做到理性这么困难。你做了八项性格测试，了解到这些分数表明了你是如何做决定的。你知道了我们很多人在决策过程中会出现的十多种倾向和错误。举例来说，我们往往会过于自信，我们依赖离自己最近的信息，而不是最重要的，我们限制自己的选择，我们太快就结束搜索，等等。本书中列出的决策技巧可以帮助你克服这些倾向和错误。最后，你阅读了一些建议（其中许多都与直觉相反），它们可以帮你成为更好的决策者。

读完这本书，你应该学到些什么？以下的总结点明了你应该从这本书中学到的核心内容。

---

① 尤吉·贝拉，前美国职业棒球大联盟的捕手、总教练。

■你能够提高自己的决策水平

在生活中也许没有任何技能比决策能力更为重要了。虽然大多数人在这个领域很少或根本没有受到过正规的训练,但是一些实质性的知识可以帮助你做出更好的决策。这本书就是为了向你传授这些知识而写的。本书的主要论点是:你能提高自己的决策水平。我指出了一些主要障碍,并提供了帮助你克服这些障碍的建议。

这本书的重点是决策过程,而不是结果。这是因为一个决定的好与坏应该由过程决定,而不是通过最终的结果来判断。不幸的是,在某些情况下,你会发现一个好的决定会导致你不希望出现的结果。如果你的决策过程没有问题,那么不管结果如何,它都是一个好决定。

> 在生活中也许没有任何技能比决策能力更为重要了。

学习决策的正确程序并不是一件容易的事。这需要你做大量的工作。也许你已经形成了几十年的坏习惯。用良好的习惯来替换它们不可能一蹴而就。遵循本书中提出的建议,并时不时地重温本书,可以提醒自己在哪些地方可以改善。

■一切都始于目标

实质上这本书没有哪个话题不是在强调目标的重要性。一切都是从目标进化而来的。没有目标，你就无法做到理性，你就不能区分重要和不重要的决定，你不知道需要什么信息，你也不知道哪些信息是有用的、哪些是无关紧要的，你会发现很难在解决方案之间进行选择，你也很有可能后悔你所做出的选择。

你要有长期和短期的目标。你也需要一个计划表或路线图，让你知道如何从当前位置走向你想去的地方。如果目标明确，你会为这么容易就能做出决定而感到惊讶。你将能够快速剔除与自己利益不一致的选项，并显著降低做出让你后悔的决定的概率。

■只要有可能就要使用理性

制定有效决策要尽可能做到理性。当你寻求做出一致的、价值最大化的选择时，就要做到理性。

理性的决策过程有如下六个步骤：（1）识别和确定问题；（2）确认决策标准；（3）评估标准；（4）制订备选方案；（5）评估每一个备选方案；（6）选择得分最高的方案。

虽然这些措施看似简单、容易实现，事实上却并非如此——特别在面对复杂决定的时候。偏见、性格倾向和不良习惯都会碍事。

你是否总是需要保持一致？答案是否定的。过分迷恋一致性就会阻碍变化。虽然大多数国家重视一致性，瞧不起不一致的行为，但有时灵活也可以是一种资产。如果你能客观地证明它是正确的，放弃一致性也是可以的。条件会发生变化。一个决定在上周或去年是恰当的，随着条件不断变化，如今可能已经不再是最好的选择了。你先前的决定未必是错误的，只不过目前的条件与那时候的条件不再相同。只是为了保持一致就继续沿着错误的道路走下去，只能说是保持了愚蠢的一致性。

■不做决定也会有成本

在面对艰难或复杂的决定时，很多人的自然反应就是什么都不做。人们似乎觉得一味拖延会让损失最小。不过，我已经多次解释过，不做决定仍然是一种决定。这个决定就是维持现状。

如果现状是期望的状态，那么什么都不做是合适的。但是，为了避免决策的痛苦而采取这种方法，它就会变成严重的阻碍。

挑战自我，质疑现状。为了避免对现状太过满意或是害怕改变，你应该时不时问自己这样一个问题：为什么我不应该追寻另一条道路？把问题从"我为什么应该改变"改成"我为什么不应该改变"，你就会变得积极主动，在问题变得严重之前解决问题。

■ 了解你的性格倾向

我们一直都在说:"每个人都是独一无二的!"这个说法有些道理。虽然每个人都是独特的,但我们的独特性是相似的。例如,研究人类性格的理论家已经确定了所有人共有的原发性个性特征,只是每个人具有的特性程度不同而已。比如,风险承受能力是一种性格特质,而人们愿意承担风险的意愿不尽相同。

在本书第二部分,你花时间测试了自己的八大个性因素:决策风格、风险承受能力、要把事情做到最好还是容易满足、控制向、拖延症、冲动、情绪控制以及过度自信。虽然这些不是所有影响决策的重要人格因素,但它们确实提供了一些有价值的见解,反映出你是如何对待和做出决定的。例如,控制向方面的分数在一定程度上可以反映出你是否相信决策可以塑造命运。冲动方面的分数则可以表明你是否容易一时冲动做出决定,着眼于当前而不是未来。

你应该使用这些个性信息更好地了解自己的倾向,在这些倾向可能会阻碍决定时,及时做出调整。

■ 寻找与你的信念相悖的信息

避免过度自信、证实偏差(寻找可以证实我们过去决定的信息)以及后视偏差(错误地相信我们准确地预测了事件的结果,但结果实际上是已知的)的最有效的方法之一就是积极寻找那些与我们的信仰和假设相悖的信息。当我们开诚布公地思考我们可能的犯错方式的时候,我们就挑战了过度自信的倾向。这样,通过假设自己的信念是错误的并积极寻找替代方案,我们自己给自己唱反调。如果我们的信念是正确的,在严格的检视中它们仍能站得住脚。如果它们有缺陷,这种做法就可以揭示不足。

■考虑一下没有偏见的局外人会如何看待

如果我们戴着有色眼镜看问题,就很难从不同的视角来看待事物。态度、动机、期望、兴趣、偏见和过去的经验都会影响我们的客观性。处理这些偏见和倾向的一个有效方法就是先远离这件事情,然后从一个没有偏见的局外人的角度来看待它。这个人的情绪不会影响决策,也不会以事先的角度、喜好、期望来看待问题。对于重要的决定,你也应该考虑咨询别人的建议。中立一方的观点往往能为你提供自己无法发现的见解和视角。

■不要赋予随机事件任何意义

受过教育的头脑都会去寻找因果关系。当事情发生时,我们会问为什么。虽然我们需要这么做,但这种方法有一个缺点。一件事情只是偶然发生一次,我们依然会倾向于去寻找原因。当我们找不到原因时，经常会凭空捏造。

我们愿意相信自己能够部分控制自己的世界和命运，但事实上世界始终包含着随机事件。你要接受这个事实，把那些遵循既定模式的事件和偶然事件区分开来，避免为随机事件创造意义。

你不得不承认生活中的有些事件在控制之外。问问自己，这些事件是能被解释的还是仅仅是一种巧合。不要试图赋予巧合以意义。

■犯错误没关系

害怕犯错误，你就会错过学习的机会。你也会倾向于避免主动决策——无论是因为害怕失败就什么都不做，还是被逼到无路可走时才做出决定。如果你害怕犯错误，就不会去冒险，你会选择一些安全的方案。

在许多情况下，安全的选择是最好的选择，但事情并非总是如此。我们不提倡随意冒险，你需要精心地、聪明地、有选择地、认真地考虑概率后再选择是否冒险。不管回报有多大，只要成功的概率很小，就是赌博。但是，你不应该仅仅因为存在失败的可能就错过一些成功概率很大的机会。

■ **最后的想法**

通过你所做出的决定，你有力量来控制未来。了解和实践书中的建议，可以让你改善决策过程并提高决策的成功率。无知不是幸福。你可以忽略这本书中归纳的各种见解。或者，你可以从今天开始将它们一一应用起来，使自己成为一个更高效的决策者。这个决定由你来做！

案例

我一直想系统地练习写作。从最初在搜狐博客，到后来的新浪博客，再到简书和公众号，我一直在断断续续地写，不过是兴趣来了写几篇，更多的时候是几个月不动笔。

2017年，我在简书上总共更新了4.5万字。在这一年的最后一天，我定下目标：来年要在简书上写10万字，挑战20万字。

确定了这个目标后，我将目标进行分解，制定了阶段性目标和里程碑，比如到2018年6月18日端午节要写到4.5万字。为了实现这个目标，我还特意找了Maggie来监督我——每周五中午12:15我必须向她汇报进度。

截至3月15日，我在两个半月之内完成了3.6万字，这对我来说是个很大的突破。能取得这样的突破，是因为我一直牢记目标，不停地朝着目标努力。

（案例提供：拆书帮武汉珞珈分舵，May）

出版后记

大概谁也不能否认，做决定是人生中最重要的技能之一。升学、择业、工作、理财、购物、社交，甚至是日常生活中的琐事，都是你决策的对象。可以说，你的整个生命就是由决定所架构的。所以，掌握做出好决定的方法，对每一个人都至关重要。

作者认为，"理性"是做出好决定的核心。不论是个人的性格倾向，还是人人都会有的心理惯性，只要影响了理性，我们就需要对其深入了解并加以修正。本书首先给出了理性决策的一般程序，然后针对不同读者的个性提出决策建议，再分析了大多数人都会有的心理偏差，最后给出了高效决策的实用建议。

斯蒂芬·P. 罗宾斯是管理学和组织行为学大家，亦多年从事行为决策方面的研究。在本书中，他总结了赫伯特·西蒙、丹尼尔·卡尼曼、阿莫斯·特沃斯基、巴鲁克·芬奇等知名学者的研究成果，并用具有亲和力的语言将之表达出来。在本次改版中，我们还特别添加了拆书帮提供的日常案例，帮助读者更深入地理解这些经典的决策理论。本书兼顾知识性与实用性，专业性与通俗性，深入浅出，相信你一定能从中汲取适合自己的养分，把握好幸福生活的每个节点！

服务热线：133-6631-2326　188-1142-1266

读者信箱：reader@hinabook.com

后浪出版公司

2019 年 2 月

图书在版编目（CIP）数据

做出好决定/(美)罗宾斯著;包云波译.--
北京:北京联合出版公司,2016.3（2024.8重印）
ISBN 978-7-5502-7070-1

Ⅰ.①做… Ⅱ.①罗…②包… Ⅲ.①决策（心理学）—通俗读物
Ⅳ.①B842.5-49

中国版本图书馆CIP数据核字（2015）第321889号

Authorized translation from the English language edition, entitled DECIDE AND CONQUER: THE ULTIMATE GUIDE FOR IMPROVING YOU RDECISION MAKING, 2E, by ROBBINS, STEPHENP.,

published by Pearson Education, Inc., copyright©2015 Pearson Education, Inc.

All right reserved. Nopart of this book may be reproduced or transmitted in any form or by any means, electronic or mechanical, including photocopying, recording or by any information storage retrieval system, without permission from Pearson Education, Inc.
CHINESE SIMPLIFIED language edition published by POST WAVE PUBLISHING CONSULTING（BEIJING）CO., LTD., Copyright©2019.

本书封面贴有Pearson（培生集团）激光防伪标贴。无标贴者不得销售。

做出好决定

著　　者：［美］罗宾斯
译　　者：包云波
出 品 人：赵红仕
选题策划：后浪出版公司
出版统筹：吴兴元
责任编辑：管　文
特约编辑：李　峥
营销推广：ONEBOOK
装帧制造：墨白空间
封面设计：陈文德

北京联合出版公司出版
（北京市西城区德外大街83号楼9层　100088）
嘉业印刷（天津）有限公司印刷　新华书店经销
字数128千字　889毫米×1194毫米　1/32　7.75印张　插页2
2019年9月第2版　2024年8月第10次印刷
ISBN 978-7-5502-7070-1
定价：39.80元

后浪出版咨询(北京)有限责任公司　版权所有，侵权必究
投诉信箱：editor@hinabook.com　　fawu@hinabook.com
未经书面许可，不得以任何方式转载、复制、翻印本书部分或全部内容
本书若有印、装质量问题，请与本公司联系调换，电话010-64072833

拆书学院｜主题拆书课®｜企业培训

所有管理大师都认同做决策是一位管理者最重要的行动。彼得·德鲁克在经典的《卓有成效的管理者》（1966年初版）中用两章篇幅讲决策的要素和有效的决策，而在50年后，荟萃众多研究结果（包括行为心理学、经济学、博弈论、管理学等），斯蒂芬·罗宾斯用这样一本书来讲决策的方方面面。可见，无论对做管理，还是自我管理，了解自己做决策的倾向、避免决策的陷阱、掌握科学决策的步骤的意义之重大。

如果你想为公司管理层进行深度有效的决策能力训练，欢迎咨询拆书学院的指定拆书课／培训。

拆书课是本书的同主题培训，由资深拆书家主持，在1天的课程中引导现场学习者内化与应用知识，促进学习者把知识转化为自己的能力。

拆书学院是隶属于拆书帮的教学研究机构，为众多知名企业提供培训服务，服务过的企业包括小米、华为、万科、美的、顺丰、阿里巴巴、招商英航等。

拆书学院也和众多线上内容平台达成合作，推出了一系列关于沟通、人际关系、学习方法、思维方式等方面的拆书课程，还在二十多个城市推出了"RIA学习力导师授证班"等公开课。

依托300余位三级拆书家，拆书学院推出了一系列授权拆书课，《做出好决定》是其中之一。课程旨在帮助企业管理者和自我管理者提升决策能力、避免决策误区，深度结合学习者自身经验、具体问题，达成行为转变，实现培训的效果落地。

了解详情，请咨询010-64119337。